트럼프 시대, 방위비분담금 바로 알기

한미동맹의 현주소

이 도서의 국립중앙도서관 출판예정도서목록(CIP)은 서지정보유통지원시스템 홈페이지(http://seoji.nl.
go.kr)와 국가자료공동목록시스템(http://www.nl.go.kr/kolisnet)에서 이용하실 수 있습니다.
(CIP제어번호: CIP2017014273)

트럼프 시대,
방위비분담금 바로 알기

Understanding Korea's Cost Sharing for USFK
in the age of Trump

한미동맹의 현주소

Realities of the S.K.-U.S. Alliance

박기학 지음

한울
아카데미

차례

일러두기

1. 이 책에 인용된 국제 조약들의 문구는 해당 국가 외교부 홈페이지를 통해 확인한 내용을 원문 그대로 싣거나 번역한 것입니다.
2. 부록에 실린 자료의 띄어쓰기 및 맞춤법은 출처의 표기를 따랐습니다.

책을 펴내며

방위비분담금은 한국에게 무거운 짐이다. 한국은 1989년부터 지금까지 무려 29년 동안 미국에 방위비분담금을 지급해왔다. 2017년 방위비분담금은 9507억 원으로 1조 원에 육박한다. 2018년에는 2019년부터 적용될 10차 방위비분담 특별협정 체결을 위한 한미 협상이 시작된다. 미국 우선주의 America First를 내건 트럼프 정부가 자국의 이익을 위해 한국을 몰아붙일 것이므로 그 어느 때보다 어려운 협상이 예상된다.

이 시점에서 방위비분담금에 대해 자세히 알아볼 필요가 있다. 대체 방위비분담금의 실체는 무엇인가? 한국은 방위비분담금을 응당 줘야 하고 미국은 요구할 권리를 갖는가? 한국이 공정한 부담을 하지 않는다며 방위비분담금 증액을 요구하는 미국의 주장은 근거가 있는가? 미군이 주둔하는 나라들은 다 방위비분담금을 미국에 지급하는가? 방위비분담금 이외에 한국이 부담하는 주한미군 주둔 경비는 얼마나 되는가? 주한미군이 방위비분담금을 미군 기지 이전비로 돌려쓰는 것은 적법한 것인가? 미국이 방위비분담금을 이용해 이자 소득을 얻는 것은 한미 소파를 어긴 것은 아닌가? 일본이나 독일 등 다른 나라에서는 방위비분담금 또는 미군 주둔 경비를 어떻게 처리하고 있는가? 이러한 숱한 의문에 답하기 위해 이 책을 펴내게 되었다.

이 책은 6개 장으로 되어 있다. 제1장에서는 방위비분담금의 정의와 역사, 법적 문제점 등에 대해 살펴봤다. 제2장에서는 미군 주둔에 따라 우리 국민이 부담하게 되는 각종 비용의 현황을 종합적으로 살펴봤다. 이를 통해 한미동맹이 우리 국민에게 많은 비용과 주권 침해를 강요한다는 사실을 알 수 있다.

제3장은 방위비분담금을 보다 구체적으로 이해하는 장이다. 방위비분담금이 지원되는 인건비, 군사 건설 사업, 군수 지원 사업의 내용과 문제점을 사례를 곁들여 살펴봤다. 제4장은 방위비분담금의 주요 쟁점을 소개한 장이다. 한국의 안보 무임승차 주장은 사실인지, 방위비분담금은 한국 돈인지 미국 돈인지, 사드 배치에 방위비분담금을 써도 되는지, 미국의 협상 전략에 어떻게 대처해야 하는지 등을 다뤘다.

제5장은 결론에 해당하는 부분이다. 여기에서는 방위비분담금이 실제로는 한국 방어와 한국 경제 발전에 기여하지 않는다는 것, 한국군 독자적으로도 충분히 한국 방어가 가능하며 동맹은 비경제적인 안보 대안이라는 것, 방위비분담금을 삭감하고 나아가 폐기하기 위해서는 정부와 국회의 역할이 중요하다는 것을 지적한다. 마지막으로 제6장에서는 해외 사례와의 비교를 통해 방위비분담의 역사적 유래, 방위비분담에 대한 한국과 다른 나라의 대응 방식 차이 등을 살펴보고 한국 방위비분담금의 불평등성을 알아본다.

방위비분담금은 우리 국민에게 큰 재정적 부담을 지우고 우리의 주권을 침해하며, 호혜적 한미관계를 해치고 한반도 및 동북아시아 지역의 평화와 안정에 도움이 되지 않는 것이다. 아무쪼록 『트럼프 시대, 방위비분담금 바로 알기: 한미동맹의 현주소』가 방위비분담금을 삭감·폐지하고 이를 통해 우리의 부담을 덜고 주권을 지키며 한미동맹의 불평등성을 해소하고 한반도 평화를 증진하는 데 다소라도 기여하기를 바라는 마음이다.

2017년 6월 박기학

제1장

방위비분담금이란 무엇인가

1. 방위비분담금이란?

한국은 주한미군의 경비를 여러 명목으로 직접 또는 간접 지원하고 있다. 이런 지원 가운데 '한미 주둔군 지위 협정 제5조에 대한 특별조치 협정'(이하 방위비분담 특별협정)을 맺어서 주한미군에 지급하는 돈을 특정하여 '방위비분담금'이라고 부른다. 그렇다면 한미 주둔군 지위 협정 (이하 한미 소파) 제5조는 무엇이고 그에 대해 어떤 특별조치가 내려진 것일까? 살펴보면 다음과 같다.

- 제5조 제1항:
미국은, 제2항의 규정에 따라 한국이 부담하는 경비를 제외하고는, 한국에 부담을 과하지 아니하고 미군의 유지에 따르는 모든 경비를 부담하기로 합의한다.

- 제5조 제2항:
한국은 미국에 부담을 과하지 아니하고…… 비행장과 항구의 시설과 구역처럼 공동으로 사용하는 시설과 구역을 포함한 모든 시설, 구역 및 통행권을 제공하고, 상당한 경우에는 그들의 소유자와 제공자에게 보상하기로 합의한다.

한미 소파 제5조의 경비 분담 원칙에 따라 한국은 시설과 부지를 무상으로 미국에 제공해왔다. 미국은 그 외 모든 미군 운영 유지비, 가령 주한미군이 고용한 한국인 노동자의 인건비나 막사 등 군사 시설 건설

비용 등을 부담했다. 방위비분담 특별협정은 이런 한미 소파의 경비 분담 원칙에 대해서 특별한 조치, 즉 수정을 행한 것이다.

어떻게 수정했을까? 1차(1991~1993년) 방위비분담 특별협정을 보자. "한국은, 한미 소파 제5조 제2항에 규정된 경비에 **추가하여**(필자 강조) 주한미군의 한국인 고용원의 고용을 위한 경비의 일부를 부담하며, 필요하다고 판단할 경우 다른 경비의 일부도 부담할 수 있다"(제1조)라고 되어 있다. 여기서 '추가하여'라는 말이 수정에 해당되는 부분이다. 한국이 시설과 구역의 무상 제공에 추가하여, 미국이 부담하기로 되어 있는 주한미군의 운영 유지비도 일부 부담한다는 것이다. 방위비분담 특별협정은 한미 소파에 의해 미국이 부담하게 되어 있는 주한미군의 운영 유지비를 한국에 떠넘기는 특별한 조치인 셈이다.

'방위비분담금'이라고 하면 한국도 마땅히 분담해야 할 경비라는 느낌을 준다. 하지만 원래 미국이 부담하기로 약속된 경비를 '특별' 조치를 통해 한국에 떠넘긴 것이 그 시작이라는 점에서 방위비'분담'금이라는 말 자체에, 이미 한미동맹의 불평등성이 숨어 있다.

2. '방위비분담금'이라는 말의 유래

방위비분담금이라는 말은 일본에서 처음 사용되었다. 다음은 『일본국어대사전日本国語大辞典』에 나와 있는 '방위분담금'에 관한 뜻풀이다(日本大辞典刊行会編, 2003).

미일 안보 조약에 의거한 행정 협정에 따라 1952년부터 1960년까지 일본이 부담한 주일미군 주둔에 수반하는 파생적 경비. 노무 및 물자의 조달 비용 등. 행정협정 개정으로 소멸.

위 사전에서 언급된 '행정협정'이란 1952년 4월 28일 대일 강화 조약 (샌프란시스코 조약)과 동시에 발효된 (구)미일 행정협정을 가리킨다. 이 행정협정에는 다음 조항이 있다.

- (구)미일 행정협정 제25조 제2항(b):
  일본은 미국이 수송, 기타 필요한 용역 및 보급품을 조달할 수 있도록 하기 위해 미국에 부담을 과하지 않고 연간 1.55억 달러에 상당하는 일본 통화를 지급한다.

위 행정협정 제25조 제2항(b)에 따라 일본은 주일미군 주둔 지원 경비로 매년 1억 5500만 달러 상당의 엔화를 미국에 현금 지급하였다. 금액이 "1.55억 달러(1952년 기준 558억 엔)"로 결정된 것은 어떤 이유일까? 협정이 체결된 해인 1952년도 미군 주둔 경비는 총 1300억 엔이었으며 그 절반은 650억 엔이었다. 그런데 일본이 미국에 제공한 기지의 임대료 면제액이 92억 엔이었다. 650억 엔에서 92억 엔을 빼면 558억 엔이다. 즉, 일본이 미군 주둔 경비의 절반을 부담한다는 개념에서 산출된 액수인 것이다. 일본은 (구)미일 행정협정 제25조 제2항(b)에서 규정된 미군 주둔 지원금을 '방위분담금Japan's share in join defense costs'이라 불렀다. 일본은 제2차 세계대전 패전국으로서 1946년에서 1951년까지 미국에게 이른바 점령비(점령군인 미군의 주둔 비용을 말하며 '전후 처리비'라고도 함)를 지불하였다. 대일 강화 조약이 발효되면서 주일미군은 점령군에서 동맹군으로 이름을 바꿔 주둔한다. 그에 따라 점령비가 방위분담금으로 이름이 바뀐 셈이다. 하지만 방위분담금을 점령비의 연장으로 여긴 일본은 방위분담금의 폐지를 미국에 지속적으로 요구했다. 1960년 미일 행정 협정이 개정되면서 제25조 제2항(b)는 삭제됐다.

3. 한국의 방위비분담은 언제 시작됐나?

미국의 쌍둥이 적자

1980년대 미국은 이른바 쌍둥이 적자(재정 적자와 무역 적자)가 눈덩이처럼 불어나게 된다. 레이건 정부가 소련과의 전 지구적 대결 전략으로 군비 증강을 추구하면서 국방비는 1980년 1406억 달러에서 1985년 2868억 달러로 늘어났다. 여기에 경기 회복을 위한 감세 정책이 가세하면서 미국의 재정 적자는 1980년 738억 달러에서 1985년 2123억 달러로 늘었다. 달러 강세의 영향으로 미국의 무역 적자도 1980년 194억 달러에서 1219억 달러로 급증하였다. 이러한 상황에서 미 상원은 1985년 '재정 적자 축소법'을 제정하여 국방비를 1985년 수준에서 동결하고 1986년부터 재정 적자를 매년 360억 달러 줄여 1991년까지 균형 재정을 달성하도록 규정하였다. 미국 의회는 '1989 회계연도 국방부 지출법'에 "미국 대통령은 나토, 일본, 한국을 포함한 미국 동맹국들의 방위비가 (미국의 방위비와 비교해) 균형을 갖도록 하는 무임소대사Ambassador at large for Burdensharing를 임명"한다는 규정을 둔다.

이에 따라 미국 대통령은 '방위분담 무임소대사'를 임명해왔다. 2013년에 열렸던 9차 한미 방위비분담 특별협정 협상에는 성 김 무임소대사가 미국 측 대표로 참석했다.

한국 방어와 무관하게 시작된 미국의 방위비분담 요구

한국이 방위비분담을 시작한 직접적 계기는 1987년의 페르시아 만 사태(미 해군 스타크호가 이라크 공군기의 오인으로 미사일에 피격 당한 뒤 미국이 쿠웨이트의 유조선 호위 요청을 받아들이는 형식으로 선제 발포권을 부여받은 미군 함정을 페르시아만에 파견하고 이를 이란-이라크 전쟁 개입으로 받아들인 이란이 호르무즈해협 봉쇄를 경고하는 등 긴장이 높아진 사건)다. 미국은 페르시아만 해상 수송로 안전 확보를 명분으로 한국 해군의 소해정과 승무원의 이 지역 파병을 요구하였다. 또한 미국은 1988년에는 페르시아만 사태의 직접 경비 2000만 달러 지원, 미 해군 항공기 정비 지원, 필리핀에 대한 원조 계획 참여 등을 한국에 요구하였다.

하지만 페르시아만 사태나 대 필리핀 원조는 한국 방위와는 관련이 없는 것이었고, 국민의 반발 여론도 높았다. 그럼에도 미국의 요구를 완전히 거부할 수 없었던 한국 국방부는 페르시아만 사태와 직접 관련이 없는 미 해군 항공기 정비 지원과 연합 방위력 증강 사업CDIP 지원을 증액하는 것으로 미국과 합의하였다. 한국은 1988년 한미 연례 안보 협의 회의SCM의 합의를 근거로 1989년 4500만 달러(302억 원), 1990년 7000만 달러(495억 원)의 주한미군 경비를 부담하였다. 1989년과 1990년의 미군 주둔 경비 지급은 '방위비분담 특별협정'이 아니라 SCM 합의에 의거하여 이뤄졌지만 그 의미로 볼 때, 방위비분담금 지급은 사실상 이 때 시작됐다고 할 수 있다.

미국의 동아시아 군사 전략적 필요에 의해 공식화된 방위비분담금

1989년 냉전이 종식 단계에 들어서자 미국 의회는 '넌워너 수정안 Nunn-Warner Amendment' 의결을 통해 주한미군 역할 재조정과 한국의 주한미군 경비 직접 부담금 인상 필요성에 관한 보고서 제출을 국방부에 명령했다. 미 국방부는 이러한 내용을 포함하여 1990년 4월 '동아시아 전략구상East Asia Strategic Initiative'을 발표하게 된다. 이 '구상'의 골자는 소련 위협의 감소와 아시아 국가들의 민족 감정 고양, 미국 국민의 재정 적자 우려 증대를 고려해 동아시아 미군 주둔 규모를 2000년까지 3단계에 걸쳐 줄이되 '지역적 위협'(북한과 극동러시아를 지칭)에 대응해 동아시아 지역에 미군을 계속 주둔시키는 것이다. 이 구상은 "번영하는 아시아의 동맹인 한국과 일본이 자신들의 방위를 위해 더 큰 부담을 져야" 한다고 명시하고 있다. 미국은 이에 따라 1992년까지 주한미군 6987명을 철수시키고 1995년까지 6500명을 더 철수시켜 3만 명 수준에서 유지한다는 계획이었다. 한국 정부는 미군 철수(감축)를 앞세운 미국의 미군 주둔비 부담 요구 압력에 밀려 1991년 최초로 방위비분담 특별협정에 서명했다. 방위비분담 특별협정은 결국 냉전 종식 뒤에도 동아시아에서 군사적 지배를 유지하려는 미 군사 전략의 산물이다. 특별협정 체결 과정을 보면 알 수 있듯, 방위비분담이란 미국이 동아시아 패권 전략을 수행하는 데 소요되는 막대한 재정적 부담을 감당하기 어려운 상황에서 미군은 지속적으로 주둔시키되 경제적 짐은 동맹국에 떠넘긴 것이다.

4. '방위비분담 특별협정'은 어떤 문제가 있을까?

'방위비분담 특별협정'은 방위비분담금을 미국에 지급하는 법적 근거다. 약정을 포함한 국방 관련 한미 협정은 총 1082개(2014년 기준)다. 이들 협정은 거의 예외 없이 불평등하지만 방위비분담 특별협정은 '한미 상호 방위 조약'과 함께 불평등한 한미 국방 조약의 상징이라고 할 수 있다.

방위비분담금은 한미 소파 제5조 위배

미국이 주한미군의 경비를 한국에 떠넘기는 것은 한미 소파 제5조의 위배다. 왜냐하면 한미 소파 제5조는 '미국이 주한미군의 운영 유지비를 책임진다'고 규정하고 있기 때문이다. 한미 소파에서 시설과 구역은 한국이, 주한미군의 운영 유지비는 미국이 각각 책임지도록 비용 분담의 영역을 나눈 것은 한미 간 균형을 도모한다는 취지가 있다. 방위비분담금은 주한미군 경비 부담의 균형을 한국에 불리하게 한다는 점에서 불공정한 것이다.

특별한 사정없는 특별협정

방위비분담 특별협정은 한미 소파 제5조의 적용을 잠정적으로 정지시키는 특단의 조치다. 따라서 방위비분담 특별협정이 최소한의 정당성을 인정받으려면 '특별한 사정'이 있어야 한다. 하지만 방위비분담금으로 지은 시설들은 교회, 교회 교육 시설, 세차 시설, 운전 연습장, 유아보육 센터, 초호화 미군 숙소, 미 2사단 기념관, 용산 고가도로, 식당 인테리어 등이 포함돼 있다. 이들 건설 사업은 주한미군의 임무 수행과 직접 관련이 없는 부대시설이거나 편의 시설로서 특별협정을 맺어서 미군을 지원해야 할 사업이라 할 수 없다. 또 군사 건설 예산은 매년 상당액이 사업 계획이 불분명하거나 확정되지 않은 채 국회에 제출되어 승인받는데 그러다 보니 매년 2000억 원에서 많게는 3000억 원 상당의 미집행액이 발생한다. 매년 사업 계획도 없이 상당액의 군사 건설 예산이 배정되는 상황은 특별협정을 맺어서까지 주한미군의 군사 건설 사업을 지원해야 할 필요성에 의문을 제기하도록 한다.

한정적 법으로서의 한계를 초과

방위비분담 특별협정은 주한미군 경비의 일부를 한국이 부담한다는 것이지 전부를 부담한다는 것이 아니다. 제8차(2014~2018년) 방위비분담 특별협정(제1조)을 보면 "한국은 이 협정의 유효기간 동안 주한미군 지위 협정 제5조와 관련된 특별조치로서 주한미군의 주둔에 관련되는 경

비의 일부를 부담한다(필자 강조)"라고 하여 한국의 부담이 주한미군 경비의 일부 범위에 한정됨을 밝히고 있다. 방위비분담 특별협정은 시설과 구역은 한국이, 주한미군 유지비는 미국이 책임지게 되어 있는 한미 소파 제5조의 큰 틀은 유지하되 다만 한국이 주한미군의 유지비의 일부를 부담함으로써 미국의 부담을 덜어준다는 의미인 것이다. 다시 말하면 한미 소파 제5조를 폐기하고 대신 방위비분담 특별협정이 이를 대체하는 것은 아니다. 한국보다 먼저 특별협정을 체결한 일본 정부도 1987년 "일본이 주일미군 고용 일본인 노동자의 수당 일부를 새로이 부담하는 것인바, 대상 및 기간이 한정된 잠정적이고 특례적인 조치이며, 미일 소파 협정 자체의 개정이 아니라 특별협정을 통해 처리했다"라고 국회에서 답변했다. 이는 '미일 소파 제24조에 대한 특별조치협정(또는 주일미군 경비 분담 특별협정)'이 어디까지나 주일미군 유지 경비의 일부에 대한 일본의 한시적 지원임을 분명히 하는 것이다.

하지만 방위비분담 특별협정에 의해 한국의 지원 대상이 되는 주한미군 경비의 범위가 한국인 노동자 인건비의 일부에서 처음 시작하여 점차 군사 건설비와 군수 지원비 등 주한미군의 운영비 전반에 걸쳐 무제한적으로 확대되어왔다. 군사 건설 사업의 대상에는 제한이 없다. 또 군수 지원 사업도 그 항목이 무려 10가지에 이를 정도로 포괄적이다. 이로써 미국이 주한미군의 운영비를 책임지도록 규정한 한미 소파 제5조 제1항은 사실상 사문화되고 한국이 미군의 운영비를 거의 전부 책임지는 것과 다를 바 없게 되었다. 즉, 한미 소파 제5조의 기본 틀 자체가 붕괴된 셈이다. 일본도 미일 소파 제24조에 대한 특별조치협정을 미국과 맺었지만 지원 사업 대상은 주일미군 고용 일본인 노동자 인건비와 광

그림 1-1 2017년도 방위비분담금 구성 항목

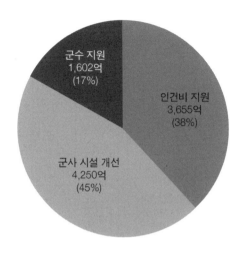

군수 지원
1,602억
(17%)

인건비 지원
3,655억
(38%)

군사 시설 개선
4,250억
(45%)

자료: 대한민국 국방부(2017).

열 수도비(공공요금), 미군 훈련 이전비(일본 측 요구로 미군 훈련을 다른 장
소로 옮겨서 실시하는 경우 추가되는 훈련 비용에 대한 지원)에 한정되어 있
다. 미일 특별협정의 경우에는 군사 건설비와 군수 지원비 항목이 없다.
한미 특별협정과 달리 미일 특별협정은 일본이 시설과 구역을 책임지고
미국은 미군 운영비를 책임진다는 미일 소파 제24조의 기본 틀을 그런
대로 유지하고 있다.

한미 방위비분담 특별협정은 주한미군 경비의 일부에 대해서 한국이
지원한다는 원래의 취지를 훨씬 벗어나 한국에게 거의 무제한적으로 비
용을 전가하고 있다는 점에서 불법부당하다.

또 방위비분담 특별협정은 한미 소파 제5조의 적용을 일시적으로 유보하고 있다는 점에서 한시적인 법이다. 특별협정이 한시적 협정으로서 상정되었음은 첫 한미 방위비분담 특별협정이 유효기간을 2년으로 정하고 있고 이후 특별협정도 그 유효기간을 2년, 3년, 5년 등으로 정하고 있는 것에서 드러난다. 그러나 방위비분담 특별협정은 1991년부터 2017년 현재까지 무려 26년 동안 한 해도 거르지 않고 시행되고 있다. 이것은 임시적이고 한정적이어야 할 특별법이 그 한계를 훨씬 뛰어넘고 있는 것이다.

초법적으로 운용되는 방위비분담 특별협정

여러 번 강조하지만, 방위비분담 특별협정은 규정상 어디까지나 한미 소파 제5조에 국한하여 취해진 특별한 것이다. 따라서 이 특별협정은 '한미 상호 방위 조약' 등 다른 한미 조약 또는 협정을 위배해서 운용돼서는 안 되고 한미 소파의 다른 조항도 위배하면 안 된다.

그런데 방위비분담 특별협정은 미 2사단 기지 이전에 관한 협정인 연합 토지 관리 계획Land Partnership Plan, LPP 협정을 무시하고 초법적으로 운용되고 있다. LPP 협정에는 미군 기지 이전 요구자 비용 부담 원칙에 따라 미국이 이전을 요구한 기지의 이전 비용은 미국이 부담한다고 되어 있다. 하지만 미국은 방위비분담금(군사 건설비)에서 미 2사단 기지 이전 미국 측 비용의 50% 이상을 충당하고 있다. 이는 LPP 협정을 위배하는 방위비분담금 운용이다.

방위비분담 특별협정은 어디까지나 주한미군의 운영 유지비를 지원하기 위한 특별법이다. 따라서 방위비분담금은 그 지원 대상이 주한미군에 한정되어야 한다. 그렇지만 방위비분담금은 주한미군의 장비가 아닌 미 태평양사령부 소속 공군의 탄약의 저장 관리, 항공기 정비에도 지급된다. 이것은 방위비분담 특별협정이 초법적으로 운용되고 있음을 보여주는 하나의 사례다. 미 태평양사령부 전력은 중국 견제 등 한국 방어를 넘어서는 미국의 지역 임무 수행을 위한 것이다. 이러한 점에서 방위비분담 특별협정은 한반도와 동북아시아의 평화와 안정에도 역행하는 것이며, 미국의 동아시아 패권 전략에 한국이 초법적으로 끌려가는 것이라 할 수 있다. 이 내용도 제3장에서 더 자세히 살펴볼 것이다.

방위비분담금 내는 나라는 한국과 일본뿐

미국의 동맹국이라고 해서 다 방위비분담금을 지급한다고 생각하면 오산이다. 방위비분담 특별협정을 맺어서 미국에 방위비분담금을 지급하는 나라는 미군 주둔 국가 중 한국과 일본뿐이다. 한때 독일이 미국과 '상계 지불협정offset payments Agreement'이라는 것을 맺어서 주독미군의 현지 외환 비용에 해당하는 만큼 미국 무기나 미국 채권을 사준 적이 있는데, 이는 일종의 방위비분담금 부담이다. 그런데 상계 지불 협정은 1961년에 시작되어 몇 차례 갱신되다가 1975년에 종료되었고 그 이후 독일은 방위비분담금 성격의 돈을 지급하지 않는다.

미국방부가 2004년에 미 의회에 제출한 「동맹국 공동 방위 부담 통계 해설집」을 보면 2002년도 기준 미국의 27개 동맹국이 비용 분담 차원에서 (미국에) 지불한 돈은 직접 또는 간접 비용을 모두 합쳐 83억 9000만 달러다. 직접 비용이 약 41억 달러, 간접 비용이 약 43억 달러 정도인데, 여기에서 한국과 일본, 독일 세 나라가 미국에 지불한 직간접 비용이 총 68억 2000만 달러로 동맹국 부담액 전체의 81.3%를 차지한다. 즉, 전 세계 미군 주둔에 대한 비용 분담은 사실상 한국, 일본, 독일 세 나라의 문제로 압축된다. 간접 비용을 제외하고 직접 비용만 살펴보면 동맹국들의 미군에 대한 직접 지원 중 한국과 일본 두 나라가 부담한 돈이 37억 2000만 달러로 전체의 90.0%에 달한다(한국 4억 9000만 달러, GDP 대비 0.10%. 일본 32억 3000만 달러, GDP 대비 0.08%. 참고로 독일은 3000만 달러, GDP 대비 0.001%).

요약하면 미군 주둔 경비에 대한 주둔국의 직접 지원은 사실상 한국 및 일본과 미국 사이의 문제로 압축된다. 한국과 일본이 유독 미군 주둔 경비에 대한 직접 지원이 많은 것은 오직 한국과 일본만 '방위비분담 특별협정'을 체결해 미군 지위 협정에 규정된 의무 외의 미군 운영 경비를 국방 예산에서 현금 또는 현물 형태로 지원하기 때문이다.

· 제2장·

한국의 주한미군 주둔비 부담 현황

한국이 부담하는 주한미군 주둔 관련 비용은 크게 (평시) 주둔국 지원, 전시 (주둔국) 지원, 미군 기지 이전 비용으로 나눌 수 있다. 방위비분담금은 이 중 주둔국 지원에 속하는 것으로 한국의 부담 비용 중 매우 큰 비중을 차지한다. 방위비분담금을 자세히 알아보기에 앞서, 한국의 주한미군 주둔비 부담 전체 현황을 간략히 살펴보자.

1. 주둔국 지원이란?

'주둔국 지원Host Nation Support, HNS'이란 주둔국(접수국이라고도 함)이 자국에 주둔하는 미군을 지원하는 것을 뜻한다. 군대를 파견하여 주둔시키는 경우 그 경비는 국제법 원칙에 따르면 파견국이 책임지는 것이 원칙이다. 그렇기 때문에 미국이 미군 주둔국과 맺은 주둔군 지위 협정 또는 기지 협정을 보면 예외 없이 미군 유지 경비는 미국이 책임지는 것으로 되어 있다. 가령 한미 소파 제5조에 의하면 시설과 구역 외의 주한미군의 모든 경비에 대해서는 미국이 부담하는 것이 원칙이다. 즉, 주둔국 지원은 시설과 구역의 제공에 한정되며 이 점에서 매우 예외적이고 한정적인 개념이다.

그런데 방위비분담 특별협정이 1991년에 체결되면서 매우 예외적이고 한정적인 주둔국 지원의 개념은 한국에서 당연하고 무제한적인 주둔국의 의무로 바뀐다. 예를 들면, 미국이 전적으로 비용을 책임졌던 주한미군 고용 한국인 노동자들의 임금, 막사 등 주한미군의 군사시설 건설, 미국이 한국에 보상했던 미군 소유 탄약의 저장 관리비가 방위비분담금 지급 대상이 된 것이다.

이러한 한국의 주둔국 지원은 미국의 다른 동맹국에서는 찾아볼 수 없는 것들이 많다. 카투사 인력 지원 같은 것도 그러한 수많은 예들 중 하나이다. 또한, 한미 소파에는 부지 제공을 제외하면 비용 부담에 대한 한국의 법적 의무가 없음에도 불구하고, 미 2사단의 경우 기지 이전 비용을 방위비분담금에서 충당하고 있다.

2. 직접 지원과 간접 지원

주둔국 지원은 지원 형태에 따라 직접 지원과 간접 지원으로 나뉜다. 직접 지원은 정부 예산에서 지출되는 것으로 주둔 미군에게 현금 또는 현물로 지급된다. 방위비분담금은 직접 지원이다. 방위비분담금 중에서 인건비는 전액 현금으로 지급되고, 군사 건설비는 현물로 지급하는 것이 원칙이며 설계 감리비(군사 건설비의 12%)만 현금으로 지급한다. 군수 지원비는 전액 현물로 지급한다. 간접 지원은 예산에서 지출되는 지원이 아니라 토지 공여나 세금 및 요금 감면 등을 뜻한다. 가령 국유 또는 공유 재산인 토지의 임대료를 받지 않고 미군에게 무상으로 제공하는 것이 간접 지원에 해당된다. 국방부가 국방 예산을 들여 사유지를 매입해서 이를 미군에게 무상으로 제공하면 이는 미군에게 돈이 직접 지급된 것은 아니지만 국방 예산에서 지출된 것이므로 직접 지원에 속한다. 카투사는 국방 예산에서 급여가 지출되기 때문에 직접 지원에 속한다. 그런데 카투사는 미군 병사를 대체하는 역할을 하기 때문에 한국 입장에서 보면 미군 병사 급여와 카투사 급여의 차액만큼 미국을 재정적으로 지원하는 셈이 된다. 이런 의미에서 카투사는 직접 지원과 간접 지원을 모두 포함한다.

직접 지원은 정부 예산에서 지출되므로 간접 지원에 비해 재정적인 부담이 크다. 미군 주둔국들의 지원은 간접 지원이 중심이고 직접 지원은 미미한 것이 보통이다. 앞서 지적한 것처럼 파견국이 해외에 자국 군대를 주둔시킬 경우 주둔군 경비를 파견국이 책임지는 것이 국제법의 원칙이기 때문이다. 한국의 경우도 1989년 이전에는 간접 지원이 중심이었고 직접 지원은 매우 적었다. 국방부의 1994년 방위비분담 자료를 보면 1988년 말 기준으로 주한미군에 대한 한국의 지원 총액은 22억 2000만 달러인데 이 중 간접 지원이 19억 4000만 달러, 직접 지원은 2억 8000만 달러로 간접 지원이 총액의 87.4%를 차지한다. 이는 1988년까지는 주한미군에 대한 한국의 지원이 대부분 한미 소파에 규정된 의무적인 것이었음을 말해준다. 방위비분담 특별협정이 시작되면서 직접 지원 중심으로 한국의 주한미군 지원 형태가 바뀐다. 국방부가 집계한 직접 지원과 간접 지원 현황을 보면, 2010년 기준 직접 지원은 방위비분담금 7904억 원을 포함해 8561억 원이고 간접 지원은 토지 임대료 평가 5648억 원을 포함해 8188억 원이다. 그런데 국방부가 집계한 직접 지원 비용에는 미군 기지 이전 비용, 한미 연합 훈련 비용 분담금 등의 여러 가지 항목이 빠져 있다. 2010년도 미군 기지 이전 비용은 6967억 원이었다. 간접 지원에도 누락된 항목들이 있다. 연 1000억 원에 이르는 미군 탄약 저장 관리비가 그 예다. 빠진 부분까지 합산하면 한국이 부담하는 미군 주둔 지원액은 2010년 기준으로 대략 2조 5000억 원이고 이 중

표 2-1 주한미군 직간접 지원 현황 (단위: 억 원)

구분		내역	2007	2008	2009	2010
직접 지원	방위비 분담금	한국인 노동자 인건비	2,954	3,158	3,221	3,320
		군사 건설비	2,976	2,642	2,922	3,220
		군수 지원비	1,325	1,615	1,457	1,364
		소 계	7,255	7,415	7,600	7,904
	카투사 및 경찰 지원	기본급, 급식·피복비, 운영 유지비	130	126	105	114
	부동산 지원	임대료, 보상·매입비 등	39	37	54	54.4
	기타	기지 주변 정비, 민원 해소, 한국군 훈련장 사용 지원	179	647	606	488.4
		계	7,603	8,225	8,365	8,561
간접 지원	토지 임대료 평가	무상 지급 공여 토지 임대료 평가	5,160	5,123	5,755	5,648
	카투사 지원 가치 평가	한국인 노동자 연평균 임금 적용	557	564	569	717
	제세 감면	관세·내국세·지방세 등 면제	1,913	1,844	1,393	1,683
	공공요금 감면	상수도·전기료·통신 요금 할인	62	49	82	89
	도로·항만공항 이용료 면제	고속도로·광역시 유료도로, 공항 시설 사용료	35	49	60	49
	기타	철도 수송 지원	2	2	2	1.9
		계	7,729	7,631	7,861	8,188
총 계			15,332	15,856	16,226	16,749

자료: 대한민국 국방부(2007~2010).

60% 이상이 직접 지원에 해당한다.

3. 주둔국 지원 사례

공무 피해 배상

한국은 한미 소파 제23조에 따라 미군이 공무 집행 과정에서 한국인에게 발생시킨 손해에 대해 배상액의 100%를 선지급하고 미군으로부터 75%의 금액을 돌려받고 있다. 미군의 전적인 과실로 인한 손해에 대해서도 한국이 25%의 배상 책임을 지는 것은 그 자체가 불평등하다고 할 수 있다. 평화·통일연구소가 2017년 1월 25일 정보 공개 청구를 통해 법무부에서 받은 자료에 따르면 2011년부터 2016년 12월까지 법원의 확정 판결에 따라 발생한 손해배상금은 219억 4000만 원이며 이 중 한국이 지급할 의무가 있는 배상금은 54억 8000만 원, 미국이 지급할 배상금은 164억 6000만 원인데, 한국 정부가 대신 지급한 배상금 가운데 미국은 20억 1000만 원만 돌려주고 나머지는 지급하지 않고 있다.

카투사 인력 지원

카투사(Korean Augmentation To the United States Army, KATUSA)는 한국군이지만 미 육군(주한 미8군) 지휘 체계에 소속된 군인을 말한다. 카투사의 보직은 크게 전투, 수송, 의무, 행정, 헌병 등 5가지로 편성된다. 카투사는 주한미군의 작전 지휘를 받으며 한국군은 행정 관리권을 행사할 뿐이다. 카투사는 주한미군 부대에 편재되어 미군과 같이 근무하므로 미국은 카투사 병력만큼의 인건비를 절약하는 셈이다. 2016년 기준 카투사는 약 3600명 정도로 추산되며 주한미군 병력의 12.6%에 해당된다. 카투사의 기본급, 급식·피복비, 교육비 등은 한국이 부담한다. 2015년 한국 국방 예산에서 카투사에 지급된 현금은 98억 원이다. 미군 상병의 2016년도 최저 연봉(기본급 기준)이 2만 4552달러이므로 카투사로 인해 주한미군이 절약하는 인건비는 8839만 달러에 달한다(참고로, 국방부는 카투사의 간접 지원액 평가를 동일 계급의 미군 급여에 기초한 인건비 절감 부분으로 계산하다가 2006년에 기준을 주한미군 고용 한국인 노동자의 1인당 평균 연봉으로 바꿨다. 이는 한국의 간접 지원액을 하락시키는 효과가 있다). 한국 국민이 미국 군대의 지휘를 받으며 군 복무를 하는 것은 법적 근거도 없고 외국에서도 그 사례를 찾아볼 수 없다. 이 때문에 카투사는 '국방 개혁 기본 계획 2020'에 의해 2012년 폐지될 예정이었으나 전시작전통제권 반환이 2020년 이후로 연기되면서 계획이 백지화됐다.

전기료 감면

주한미군은 관세·내국세·지방세 등 각종 세금, 전기료·통신 요금 등 공공요금, 도로·공항·항만 이용료 등을 면제받거나 할인받는 특혜를 누리고 있다. 이 중 전기료 감면에 대해 살펴보면 주한미군은 2003년 10월 이전에는 산업용 단가를 적용받았고 이런 특혜로 1980년부터 1999년까지 경감 받은 전기료(한국군 단가 적용과 비교)만 3188억 원에 이른다. 주한미군은 2003년 10월부터 전년도 주택, 산업, 일반, 농업, 교육용 등 전체 전력 판매 금액의 평균 가격으로 전기 요금을 내고 있다. 2016년 기준 주한미군 전기 판매 단가는 kWh 당 106.94원으로 군용(122.28원), 주택용(123.69원), 교육용(113.22원), 산업용(107.41원) 등에 비해 훨씬 싸다. 즉, '전년도 고객 평균 판매 단가'로 기준이 바뀌었지만 실제로 주한미군의 전기료 감면 혜택은 전과 다름없는 것이다. 왜냐하면 요금 부과를 위해 한국전력이 전년도 전체 전기 사용 고객의 평균 판매 단가를 산정한 후 산업통상자원부, 한미 소파 공공 용역 분과위, 기획재정부를 차례로 거쳐야 하며, 최종적으로 한미 소파 합동위에 상정되는 날 전기 요금이 승인된다. 즉, 승인 전까지는 상대적으로 싼 전년도 전기 요금을 적용받기 때문에 적용 기준 변경에 따른 요금 인상 효과(미군의 혜택 축소 효과)가 별로 없다. 반면 우리 군은 용도에 따라 '주택용'과 '일반용' 요금을 적용받고 있다.

2015년 주한미군 1인당 전기 사용량은 2만 3953kWh로 국군 1인당 사용량(2534kWh)의 10배에 육박한다. 그런데 주한미군은 전기료 감면 혜택에 그치지 않고 연체료도 면제받고 있다. 주한미군은 2016년 1월에서 7월 사이 약 19억 9000만 원의 전기료를 미납했는데 연체료 5500만 원을 면제받았다. 이는 1962년 한전과 주한미군 사이에 '전력 요금에는 벌과금과 이자를 부과하지 않는다'는 전력 공급 계약을 맺었기 때문이다.

한미 소파 제6조(공익사업과 용역) 제2항은 "미합중국에 의한 이러한 공익사업과 용역의 이용은 어느 타 이용자에게 부여된 것보다 불리하지 아니한 우선권, 조건 및 사용료나 요금에 따라야 한다"라고 되어 있는

데, 이 규정이 전기 요금 등 공공요금에 대한 주한미군의 특혜를 규정한 것이라고 할 수는 없다. 한국 정부가 2015년 7월 주한미군에게 전기 요금을 한국군과 같은 '일반용 갑'으로 적용하자는 전기 요금 계약 개정안을 보냈지만 2017년 4월까지 주한미군은 이에 응하지 않고 있다.

4. 시설과 구역의 공여

시설과 구역의 공여에서 중요한 것은 토지(부동산) 지원이다. 2017년 2월 국방부 정보 공개에 따르면 2015년 기준 3030만 평의 토지가 주한미군에게 공여되어 있다. 이 중 전용 공여지가 2399만 평, 지역권 343만 평, 공동 사용 199만 평, 임시 공여지 75만 평, 잠정 공여가 13만 평이다.

전용 공여지는 미군이 사용권을 갖고 장기적으로 사용하는 기지와 시설, 훈련장을 말한다. 지역권은 미군의 이용을 위하여 일정한 시설 및 구역이 설정되었을 때 필요한 일정한 조치를 취할 수 있는 지역을 말한다. 미군의 사격 훈련장 안전지대, 미군 송유관·수도관·전선 및 기타 시설을 보호하기 위해 확보한 땅이 지역권에 속한다. 공동 사용은 한미가 업무상 합동 근무를 해야 하거나 부대 안에서 한미가 공동으로 사용하는 구역으로 한미 공동 운영 기지COB 내의 한미 공동 사용 구역 및 시설이나 처음부터 한미 공동 훈련장으로 지어진 필승사격장(강원도 영원) 내의 구역과 시설 등이나. 임시 공여지는 군사 훈련 등을 위해 임시로 미군에게 사용권을 주는 땅이다. 잠정 공여는 주한미군에 공여된 땅이긴 하지만 사용하지 않고 있어 한국이 잠정적으로 사용하는 땅을 말한다.

그런데 미 국방부의 2015년 「미군 기지 구조 보고서Base structure Report」
를 보면 2014년 9월 기준 주한미군 기지 전용공여지의 면적이 3482만
평(주한미군 소유 토지 제외하면 3477만 평)으로 되어 있다. 한국 국방부가
밝힌 전용 공여지 2399만평보다는 1083만 평, 총 공여 면적 3030만 평
보다는 452만 평이 더 많다.

한국군 훈련장 토지 무상 공여

국방부는 주한미군에 공여된 '공동 사용' 면적을 199만 평으로 밝히
고 있다. 하지만 이 면적에는 LPP 협정에 따라 미군이 공동 사용할 수
있게 된 한국군 훈련장은 제외되어 있다. LPP 협정에 따라 한국은 주한
미군으로부터 6개 훈련장(3900만 평)을 돌려받는 대신 37개(6537만 평) 한
국군 훈련장을 공동 사용하게 되었다. 미군이 공동 사용할 수 있게 지정
된 한국군 훈련장의 경우 주한미군이 사용할 수 있는 기간이 제한되어
있다. 하지만 다락대 훈련장(1862만 평)과 무건리 훈련장(1139만 평)의 경
우 미군이 연간 13주(91일)를 사용할 수 있는데, 이는 한국군 사용 기간
보다 더 길다. 한국군 훈련장은 한국에 관리 책임이 있기 때문에 주한미
군의 입장에서는 관리 비용을 줄이는 효과가 있다.

부동산 직접 지원

국방 예산에서 직접 지출되는 부동산 지원도 있다. 2016년 국방 예산

에서 주한미군을 위해 지원된 시설 부지 지원 예산은 105억 원이다. 그 내역을 보면 군산 비행장 탄약고 주변 민가 잔여 이주 보상비, 주한미군들이 입주해 있는 한남동 임대 주택의 부지 사용료, 주한미군을 위한 인천 공항 군사 우체국 사용료, 주한미군 기지인 대구 47보급소나 부산 55 보급창 등의 부지 사용료, 미군 공여지 내 사유지 매입비(오산기지, 성남 CP탱고), 미군 공여지 유연 분묘(주인 있는 산소) 이장 등에 소요된 경비다.

군산 미군 비행장 사용료

한국 군산 공항(국내 취항 민항)은 군산 미 공군 비행장의 활주로를 사용하면서 그 사용료를 주한미군 측에 내고 있다. 사용료 지불은 1991년에 체결된 '군산 공군 기지의 계속적·제한적 공동 사용에 관한 합의 각서'에 근거한 것이다. 이 협정은 한국 정부가 군산 미군 기지 250만 평가운데 2만 평의 공항 시설을 임대하고 그 사용료를 미군 측에 지불한다는 내용이다. 이 협정에 따른 사용료는 이류 중량 1000 파운드당 0.8 달러(1998년)에서 계속 인상돼 2017년 현재 1000 파운드당 2.25달러에 이른다. 이를 보잉737(65톤) 기준으로 하면 1회 착륙료가 2016년에 325 달러(37만 8000원)로 김포·제주·김해 공항의 13만 4000원, 그 밖의 국내 항공에서 받는 착륙료 11만원과 비교할 때 무려 2.8~3.4배나 많은 액수다. 이런 폭리를 취하는 것은 주한미군이 영리 행위를 하지 못하도록 규정한 한미 소파 제7조(접수국법령의 존중)를 위배한 것이다.

군산 미 공군 기지 활주로는 우리 땅(대략 250만 평이며 군산시 전체 면적의 약 10분의 1)으로 주한미군에게 무상으로 빌려준 것이다. 또 군산 미 공군 활주로 보수 유지를 위해 주한미군은 방위비분담금을 가져다 쓰고 있다. 군산시는 주한미군 차량에 대해 자동차세(지방교육세, 취득세 포함)를 면제하며 이로 인한 혜택이 연간 2억 8000만 원(2014년 기준)에 달한다.

여기에 군산 시민은 미군 기지로 인한 소음이나 환경오염 등으로 물적·정신적 피해를 입고 있다. 살펴보았듯, 여러 가지 측면에서 주한미군에 활주로 사용료를 지불하는 것에는 문제가 많다.

임대료 평가 문제

미국은 방위비분담금 증액을 한국에 요구하면서 그 근거로 비인적주둔비 분담률(미군 인건비를 제외한 주한미군의 총 주둔비 중 한국의 부담액이 차지하는 비율)을 제시한다. 가령 비인적주둔비 한국 분담률이 45% 밖에 되지 않으니 이를 50%로 올려야 한다는 식이다. 그런데 한국 부담 평가에서, 한미 사이에 이견이 있는 것 중 하나가 공여지 임대료 평가 및 비용 반영에 관한 것이다.

국방부는 1994년 이전까지는 실거래가의 10%를 기준으로 임대료를 평가했고 미국도 이를 사실상 인정했다. 국방부는 평가 방식을 1994년부터 공시지가의 10%로 바꿨다. 바뀐 기준으로 1997년 국방부가 계산한 평가액은 15억 6000만 달러였는데 미국은 이를 인정하지 않고 6분의 1 수준인 2억 8000만 달러를 제시했다. 한미는 1999년에 부동산 평가 분쟁을 해소하기 위한 방안으로 국제 부동산 상담 회사에 평가 용역을 의뢰하기도 했다. 결국 한국은 1999년부터 2017년까지 전용 공여지는 공시지가의 5%, 그 밖의 공여지는 공시지가의 2.5%를 적용하고 있다. 이 기준으로 국방부는 2010년 3228만 평의 임대료를 5648억 원으로 평가하였다. 일본의 경우, 임대료 평가는 토지뿐 아니라 시설을 포함해서 이루어지며 시가의 6% 정도로 계산한다. 한국 정부의 이러한 임대료 저평가에도 불구하고 미국은 임대료 평가(간접비)를 전혀 포함시키지 않은 채 주한미군의 비인적주둔비 분담률을 산정하고 있다.

5. 주한미군에게 토지를 무상으로 제공해야 할까?

시설과 구역을 무상으로 사용하는 미국의 논리

주한미군은 시설과 구역을 무상으로 사용하고 있다. 그러나 주한미군이 토지를 무상으로 사용하는 것이 국제법 원칙인 것은 아니다. 한국은 한미 소파 체결 협상 당시(1966년) 미국이 시설과 구역의 사용료를 내는 것으로 조문을 만들자고 미국에 요구했다. 이는 미군의 한국 주둔이 단지 한국 방어만이 아니라 미국의 국익(소련 및 중국 봉쇄)을 위한 것이기도 했기 때문이다. 『한미 행정협정 해설서』를 보면, 이에 대해 미국 측은 "첫째로 한미 '상호' 방위이므로 실질적 상호 방위를 위하여 한국 측도 기여를 해야 된다는 것과 둘째로 미국이 해외에 주둔하면서 유상으로 제공받은 사실이 없다는 점"을 근거로 무상 제공을 주장하였다(대한민국 육군본부, 1988). 결과적으로 미국의 요구대로 되었다. 그러나 그것은 미국의 논리가 정당해서 그런 것이라고 볼 수는 없다. '실질적 상호 방위를 위하여 한국 측도 기여해야 된다'는 주장은 미국이 마치 단독으로 한국 방어를 책임지고 있고 그래서 한국은 비용에서라도 기여를 해야 된다는 논리다. 그러나 이는 객관적인 사실과 어긋난다. 한국군이 1960년대 미국의 군사 원조를 받고 미국의 군사 장비에 크게 의존하고 있었던 것은 맞지만 그렇다고 해서 한국이 한국 방어의 책임을 지지 않았던 것은 아니다. 한국군은 1960년대에 이미 60만 이상의 대병력을 유지하면서 자신의 경제적 능력을 훨씬 넘겨 과도하게 국방비를 쓰고 있었고 그로 인해 정상적인 경제 발전을 이룰 수 없었다. 이 점에서 미군의 남한 주둔은 사실은 한국 방위보다는 중국 및 소련 봉쇄라는 미국의 군사 전략 이행 즉 미국의 국가 안보 이익을 위한 것이고 한국군도 이런 미국의 안보 이익에 기여했다고 보는 것이 정확하다.

'미국이 해외 주둔 시 유상 제공의 사례가 없다'는 주장도 사실과 다르다. 1953년에 체결된 미국과 스페인의 군사 시설 사용 협정(일명 마드리드 협정)은 "미국에 대하여 …… 시설과 구역을 스페인 영역 내에 설치 유지하고 군사 목적을 위하여 활용하도록 허가한다"(제1조 제3항), "미국 측은 …… 앞으로 수년간 군수 물자를 제공함으로써 공동 목적을 위한 스페인 방위를 지원하여야 한다"(제1조 제1항)라고 규정했다. 마드리드 협정은 10년 기한의 협정이었는데 1963년 이후에는 약 5년마다 갱신되었으며 그 때마다 기지 사용에 대한 보상액을 결정했다. 스페인은 미국으로부터 기지 사용 대가로 1954~1961년에 5억 달러, 1962~1982년 12억 3800만 달러, 1983~1986년 16억 달러, 1987~1988년 2억 달러의 군사 원조를 받았다.

유상으로 사용하는 것이 국제법 원칙

파견국이 주둔국의 시설과 구역을 사용할 경우 그에 대해서 보상하는 것이 국제법 원칙이다. 한국은 주한미군에게 막대한 크기의 시설과 구역을 제공함으로써 주권의 제약과 경제적, 재정적, 환경적 손실을 감수해야 한다. 공여된 미군 기지에 대한 한국 정부의 행정권과 사법권, 조세권 등 주권 행사의 제약, 사유지 보상에 따른 재정적 부담, 지역 주민들의 재산권 행사 제약, 지역 개발 제약, 미군비행기 소음이나 기지 주변의 환경오염에 의한 지역 주민 피해, 지방 자치 단체 세수 손실 등을 고려하면 시설과 구역의 사용에 대한 임대료 지급 요구는 한국 입장에서는 당연한 요구라 할 수 있다. 한국이 토지(구역)에 대한 미국의 보상을 포기했다는 점에서 보면 한미 소파 제5조는 출발부터 이미 불평등성을 안고 있는 조항이다.

주한미군의 임무 변화

지금은 한미 소파 체결 협상이 이뤄지던 1960년대와 달리 한국군이 한국 방어를 주도하고 있다. 한국군의 전력은 1950~1960년대와 비교할 수 없을 만큼 성장하여 독자적인 방어 능력을 갖췄고 국방비로 따지면 세계 10위의 군사 강국이다. 한국은 1994년 평시작전통제권 환수로 평시에는 한국 방어를 주도하고 있다. 그뿐만 아니라 한국군은 전시에도 한국 방어 임무를 주도할 능력을 갖추고 있다. 전시작전통제권 환수가 연기되고 있지만 그것은 어디까지나 한국군 능력 문제가 아니라 한미일

동맹을 구축하고자 하는 미국의 국가 안보 전략과 이에 편승한 국내 보수 세력의 정략적 의도가 작용한 때문이다. "한·미 양국군은 그동안 전시작전권 전환을 충실하게 준비하여 왔으며, 한국군은 연합 방위를 주도할 충분한 능력을 보유하고 있습니다"라는 2010년 국방부의 발표는 한국군의 능력이 모자라 전시작전통제권 환수가 연기된 것이 아님을 입증한다. 한국 방위를 한국이 주도함에 따라 주한미군은 한국 방위를 주도하는 위치에서 지원하는 위치로 바뀌었다. 그렇게 되면서 주한미군의 주된 역할은 한국 방어가 아닌 한국 영역 밖의 지역 임무 수행으로 변했다.

육군본부는 일찍이 『한미 행정협정 해설서』에서 "이제 과거 한국의 방위를 미국 측의 일방적인 시설, 장비, 물자의 원조에 의존하던 한미 행정협정 체결 당시의 상황과는 한미 관계도 커다란 변화를 가져"왔다고 하면서 "미국 측에 대한 시설 구역(특히 사유 시설 구역) 공여의 유상화 방향으로 개정을 검토해 봐야"한다는 의견을 제시했다(대한민국 육군본부, 1988). 관변 연구기관인 한국 국방연구원도 1998년 「주한미군 지원 정책 연구」에서 "주한미군에 대한 기지 제공 방식을 현재의 무상 공여에서 유상 임대로 전환하여야 한다는 데 국민 저변의 여론이 모아지고 있"다고 하면서 "장차 주한미군의 역할이 한국 방위 중점에서 미국의 지역적 이익 추구 중점으로 전환되는 상황이 도래하면 유상 임대 형태로 제공되는 것이 바람직하다는 의견이 팽배"하다고 쓰고 있다. 2004년 주한미군의 재편과 평택으로의 기지 이전 결정은 주한미군이 한국 방어 임무에서 지역 임무 수행으로 역할을 변경하는 것에 따라 진행된 것이다. 2006년 전시작전통제권 환수 합의나 주한미군의 전략적 유연성에

관한 한미 합의도 이러한 주한미군의 지역 임무 수행으로의 역할 변경
을 배경으로 한다.

깊이 읽기

기지 사용권에 대한 한미 소파와 타 소파 조항 비교

　'한미 상호 방위 조약' 제4조 및 한미 소파 제2조에 따라 한국은 주한미군에 시설과
구역을 '공여하고grant' 있다. 시설과 구역은 한국 소유의 재산이기 때문에 여기서 '공
여'의 의미는 단지 시설과 구역에 대한 사용권을 주한미군에 주는 데 불과하다. 그런데
도 불구하고 주한미군은 공여받은 시설과 구역(미군 기지)에 대해서 마치 자신의 재산
인 것처럼 권한을 행사하고 있다. 미국은 "시설과 구역 안에서 이러한 시설과 구역의
설정, 운영, 경호 및 관리에 관한 필요한 모든 조치를 취할 수" 있는데(한미 소파 제3조
제1항), 이 때 미국이 한국 정부의 사전 동의를 구하거나 한국의 법을 따를 의무가 규정
되어 있지 않다. 또 주한미군은 위험한 무기 반입이나 주요한 군사 작전, 군사 훈련에
대해서도 사전 협의나 통보 등의 의무를 지지 않는다. 또 한국은 주한미군의 허가 없이
는 시설과 구역에 대한 접근이 허용되지 않는다. 주한미군 기지에 대한 출입권도 없어
미국의 허가 없이는 미군 기지 안으로 들어갈 수 없다. 미국의 허락이 없으면 기지 내
환경오염에 대한 조사도 한국은 할 수 없다. 영토 주권이 침해받고 있는 것이다.
　나토 소파 독일 보충협정이나 미ㆍ필리핀 기지 협정, 미ㆍ루마니아 소파, 미ㆍ폴
란드 소파 등의 사례를 보면 기지Base와 기지 내 미군 시설Installation을 구분하고 기지
에 대해서는 주둔국 재산권, 소유권, 사법 관할권을 인정한다. 1979년 미ㆍ필리핀 수
정 기지 협정처럼 보통 기지를 관리하기 위해 주둔국 군대에서 기지 사령관을 맡는다.

미군 시설(설비)에 대해서는 미국의 배타적 사용권을 인정하고 있다. 단, 미군 시설(장비)의 배타적 사용권을 인정하더라도 그에 대해 아무런 제한이 없는 것은 아니다. 기본적으로 시설 사용은 주둔국의 법령을 지키게 되어 있다. 또 미군의 중요한 장비 변화나 미군 병력 규모에 대해서 주둔국에 알리게 되어 있다. 문구는 다음과 같다.

"핵 또는 비재래식 무기 또는 그 구성품의 필리핀 영토 내 저장이나 설치는 필리핀 정부의 사전 허가를 받아야 한다"(1988년 미 · 필리핀 합의 각서), "군대 및 군속 기관은 이들의 배타적인 사용을 위해 제공된 시설 내에서 방위 책임을 만족스럽게 수행하는 데 필요한 모든 조치를 취할 수 있다. 시설의 사용에 대해서는 독일 법령이 적용된다", "군대 및 군속 기관은 (앞의) 조치를 취할 때 독일 당국이 시설 내에서 독일의 이익을 보호하기 위해 필요한 조치를 취할 수 있도록 보장한다", "미군 당국은 독일 대표 및 그가 임명하는 전문가에 대해 시설 출입을 포함하여 독일의 이익을 보호하는 데 모든 합리적 원조를 제공한다"(이상 나토 소파 독일 보충협정), "루마니아는 본 협정 하에서 미국 군대가 이용할 수 있게 합의된 시설과 구역에 대한 소유권(ownership) 및 법적 소유권(title)을 보유한다"(2005년 미 · 루마니아 기지 협정), "미군에 의해서 사용되거나 변경되거나 개량된 것들을 포함하여 모든 합의된 시설과 구역은 폴란드의 재산이다"(2009년 미 · 폴란드 소파).

6. 전시 지원이란?

전시 지원 일괄 협정

전시 지원Wartime Host Nation Support, WHNS이란 주한미군에 대한 평시의 주둔국 지원HNS과 대비되는 개념으로 한반도에서 위기, 적대 행위 또는 전쟁이 발생할 경우 증원되는 미군에 대해서 한국이 행하는 군사 및 민간 지원을 말한다. 한국은 1991년 11월 미국과 '전시 지원에 관한 일괄 협정'을 체결하였으며 1992년에 국회 비준을 받았다. '전시 지원 일괄 협정'은 전시 증원되는 미군에 대한 한국의 각종 지원을 의무화하고 있으며 그 비용은 한국과 미국이 공동 부담하는 것을 원칙으로 정하고 있다. 증원되는 미군에 대한 한국의 지원 분야는 협정의 '부록2'에 수록되어 있다. 전시 지원 영역은 통신, 공병, 야전 근무, 정비, 의료, 탄약, 생·화학 및 특수무기 근무, 인원 및 노무, 유류, 경계, 보급, 수송 등 12개의 기능 분야로 나뉘어 있으며 이 밖의 분야에 대해서도 미국은 지원을 요청할 수 있다.

'전시 지원 일괄 협정'은 체결 당시 민족민주운동 진영은 물론 국회나 언론에서 한국의 주권을 훼손하고 막대한 비용 부담을 지우는 불평등한 협정으로 비판한 것이다. '미독 전시 지원 협정'(1982년 체결, 1995년 종료)과 비교해보자. 미독 전시 지원 협정은 역외(북대서양 조약상의 방어 지역 외)의 군사 작전에 투입되는 미 증원군에 대해 전시 지원 의무를 져야하는 등 독일 주권을 침해하고 막대한 비용 부담을 강요하는 불평등한 협정이라는 독일 국민들의 비판이 비등하여 1995년 종료되었다. 하지만 한미 전시 지원 일괄 협정의 불평등성은 이를 훨씬 능가한다.

첫째, 미국의 책임에 대해 "위기, 적대 행위 또는 전쟁의 경우에 한반도에 미군을 증원할 계획을 유지하고, 주요 장비와 기타 전쟁 지속 자산을 동북아시아에 미리 배치한다"(제2조)라고 규정되어 있다. 미군 증원과 그에 대한 한국의 지원 의무가 전쟁만이 아니라 '위기'나 '적대 행위'로까지 확장되어 있고 그 개념도 명확하지 않다. 즉, 미국이 자의적으로 한반도 및 그 주변에서의 어떤 사태를 '위기'나 '적대 행위'라고 판단하면 미군을 증파할 수 있고 그때 한국은 전시 지원 의무를 지게 될 수 있다. 또 동북아시아 지역이 미군 증원을 위한 사전 장비 배치 지역으로 규정됨으로써 한국 영역을 넘어서는 지역에서의 미군 장비에 대해서까지 한국의 지원 의무가 발생할 가능성도 배제할 수 없다.

둘째, "당사국은 위기, 적대 행위 또는 전쟁이 발생한 시기를 한국과 미국이 공동으로 결정한다"(제2조 라항) 라고 하지만, 전시작전통제권을 가진 한미연합사령관이 사실상 시기를 결정하는 문제점이 있다. 미독 협정은 "이 협정의 적용상 당사국은 협동하여 위기나 전쟁의 발생 시기를 결정한다. 미 증원군의 전개는 북대서양 조약 제3조와 제5조에 따라서 양 당사국 및 나토 사이의 협의에 의거한다"(제1조)라고 함으로써 미국이 위기나 전쟁의 발생 시기 판단 및 미 증원군의 전개에 대하여 독일 및 나토의 의견을 무시하고 일방적으로 결정할 수 없게 되어 있다.

셋째, 비용 분담의 불평등성이다. 비용 문제는 크게 두 갈래로 되어 있다. 하나는 이 협정 이후 추가적인 또는 예측하지 못한 전시 지원과 관련된 비용은 사례별로 자산의 가용 상황에 따라 원칙적으로 한미가 분담한다는 것(제8조)이고, 다른 하나는 이 협정 전에 체결된 전시 지원과 관련된 개별 협정(약정, 계획)이 있으면 그것을 따른다는 것('부록1')이다. 한미 소파 제5조에 따르면 미군의 운영 유지비는 미국이 부담하게되어 있다. 미 증원군이라 하더라도 그 운영 유지비는 주한미군에 대해서와 마찬가지로 미국이 책임지는 것이 당연하다. 따라서 추가적인 또는 예측하지 못한 전시 지원의 경우 그 비용을 한미가 분담하도록 한 것자체가 한미 소파에 어긋난다. 더욱이 '예측하지 못한 전시 지원', 즉 한미 간 협정을 맺지 않은 사항에 대한 지원에 대해서까지 한국에 비용 분담의 의무를 지운 것은 한국에게 사실상 무제한적인 지원 의무를 지운것이라는 점에서 한국의 주권을 크게 침해하고 있다.

기존의 개별적인 전시 지원 관련 협정들의 경우 그 협정이 정한 바에따라서 비용을 부담한다는 규정도 마찬가지로 불평등하다. 왜냐하면기존 개별 협정들의 경우 애초에는 미국이 비용을 부담하는 것으로 되어 있었는데 1991년부터 방위비분담금이 시작되면서 한국 부담으로 바뀌게 된 것이 대부분이기 때문이다. 예를 들면, 한국 노무단(미군에 고용된 한국인 노동자로 전시에 준군사 업무를 수행하며 일반 행정직과 기능직 업무에 종사하는 한국인 노동자와는 다름)의 경우, 1991년부터 그 임금의 일부(2016년 기준 75%)를 한국이 지급하고 있다. 또 한국 공군의 미 공군 탄약저장 관리 협정의 경우에도 1991년부터 방위비분담금이 지급되면서 미국의 보상이 중지되고 한국의 부담으로 바뀌었다.

미독 전시 지원 협정에 따르면 미 증원군에 대한 지원 비용을 미국,독일, 나토가 분담한다. 독일은 9만 3000여 명의 녹일 예비군(미 증원군지원을 위해 지정된 부대)의 인건비와 개인 장비 비용 및 군의 지휘, 군수및 훈련 조직을 위한 자재·장비 비용을 부담한다. 미국은 독일 예비군의 지휘, 군수 및 훈련 조직을 위한 자재·장비 비용 외의 모든 물적 투자 비용, 민간 노동력의 임금, 연간 운영 유지비, 일반 행정 비용을 책임진다. 미국은 위기 또는 전시에 미군의 요청으로 제공받은 모든 재화와 서비스의 비용을 부담한다. 예측하지 못한 지원에 대한 규정도 따로 없다.

마지막으로, 주한미군이 전시 지원 요소를 판단하고 한국은 이를 따르게 되어 있는 점이다. 조정위원회에서 조정이 가능하다고 명시되어 있지만, 사실상 미국이 일방적으로 결정하는 구조다.

잠정 전시 지원 계획

전시 지원 일괄 협정 제5조에 의하면 각 기능 분야(통신, 공병, 야전 근무 등 '부록2'에 수록)별로 기술 약정을 체결하게 되어 있다. 각 기술 약정은 그 기능 분야에 대하여 전시 지원 제공의 절차, 당사국의 책임 등을 담도록 되어 있다. 그런데 전시 지원 일괄 협정이 체결된 이후 2017년 3월까지도 기술 약정이 체결되지 않았으며, 1995년부터 2년마다 '잠정 전시 지원 계획'을 수립하여 운용하고 있다. 편법적·불법적 운용이라고 볼 수 있다. 주한미군이 잠정 전시 지원 소요를 제기하면 국방부는 동원국과 각 군 본부의 검토를 거쳐 지원 사항을 결정하고 민간 자원의 경우 충무계획에 반영하는 절차를 밟아 '잠정 전시 지원 계획'을 수립한다.

2012년 '잠정 전시 지원 계획'에 따르면 주한미군이 제기한 소요 품목은 탄약, 통신, 의료 등에 걸쳐 1431개 품목에 이르며 비용으로 환산하면 40조 원으로 추산된다. 동원 대상으로 지정된 민간 자원의 경우 그것을 사용한 쪽에서 비용을 부담하는 것이 원칙이지만 아직 한미 사이에는 기술 약정이 체결되지 않아 전시 동원 시 비용 분담에 관한 합의가 이뤄지지 못하고 있다. 충무 계획은 한국 정부의 전시 대비 및 동원 계획으로 미군 전시 지원 계획을 포함하고 있다. 이 충무 계획에 따라 미국은 각 시·군·구 행정 단체로부터 토지, 시설뿐만 아니라 식당, 목욕탕, 인력 등 민간 소유의 자원까지 지원받아 사용하게 된다(평시에도 한국은 전시 지원 일괄 협정의 규정 제7조, '전시 지원 시험을 위한 절차'에 따라 주한미군에 의해 지원 제기된 소요 품목들을 동원하는 훈련을 해야 하며 이로 인해 상당한 직간접 비용을 부담한다).

한국은 미 증원군 지원을 위한 한미 연합 전시 지원 절차 훈련(키리졸브 연습 등)과 범정부(중앙 정부 및 지방자치단체) 차원의 충무 훈련과 을지연습을 매년 시행한다. '충무 4800'은 수송·건설 자원(국토교통부 주관), '충무 4100'은 농림 자원(농림부 주관), '충무 4200'은 산업 자원(산업통상자원부), '충무 4900'은 해양 수산 자원(해양수산부)의 동원을 명시하고 있다. '충무 3400'은 외교통상부 주관으로 "통일 시행"이라는 이름으로 인력을 동원하는 계획이다. 이러한 훈련에는 시간과 인력, 행정력, 비용이 소모된다.

이미 남한은 재래식 전력에서 북한보다 훨씬 우위에 있기 때문에 단독으로도 대북 전쟁 억제력을 갖추고 있으며 설사 억지에 실패해 전쟁이 난다 하더라도 북한을 격퇴할 수 있는 거부적 억제력을 갖추고 있다. 따라서 미 증원군은 없어도 되므로 전시 지원 자체가 자원 낭비라고 할 수 있다. 미국이 1970년대 후반 소련과의 냉전을 배경으로 독일 등 나토 회원국들과 체결한 전시 지원 협정은 냉전이 종식되면서 폐지됐다.

미 육군 소유 탄약 저장 관리(SALS-K)

한국 육군은 1974년부터 미 육군의 재래식 탄약을 한국군 탄약고에 저장 및 관리하고 있다. 이를 한미 단일 탄약 체계SALS-K라 한다. 한국이 한국군 및 미 육군 소유 탄약을 일괄해서 저장 및 관리하는 체계라는 의미다. 그 법적 근거는 '한국 내 재래식 탄약 보급에 관한 한미 합의 각서'다. SALS-K 합의 각서는 1974년에 체결됐다.

그 배경은 닉슨의 괌 독트린이다. 괌 독트린은 아시아·태평양 지역에서 주둔 미군을 줄이는 대신 그 공백을 일본이나 한국 등 동맹국에게 떠맡김으로써 미국의 패권적 지배를 계속하려는 성격의 정책을 말한다. 괌 독트린에 따라 미국은 1971년 미 7사단을 한국에서 철수시켰고 주한미군 주둔 비용 감소 차원에서 미 육군 탄약의 저장 관리를 한국군에 떠넘겼다. SALS-K가 시작되면서 한국 육군이 관리하는 탄약량은 급격히 증가했다. 정부의 『주한미군을 위한 한국 정부의 방위비분담』을 보면 1987년 기준 한국 육군이 저장 및 관리하는 미 육군 탄약은 전쟁 예비 탄약WRSA-K 58만 4000톤, 미군 전용탄 13만 6000톤을 합쳐 72만 톤이었다(대한민국 국방부, 1994). 당시 한국 육군의 탄약은 17만 8000톤이었다. 한국 육군은 자신의 탄약보다 4배나 많은 미군 탄약을 저장 관리한 것이다. 미국은 1990년에 냉전이 종식되고 유럽에서 '재래식 전력 감축 협정CFE'이 체결되자 유럽 지역에 있던 미군 탄약들을 한국으로 옮기기도 했다. 이후 미군 소유 전쟁 예비 탄약WRSA-K은 2008년 일부를 한국이 인수하고 일부는 미국으로 철수했다. 하지만 2014년 기준 한국 육군이 관리하는 미 육군 탄약은 여전히 14만 5000톤에 이르며, 한국군은 이 탄약을 저장 관리하느라 막대한 직간접 비용을 치르고 있다.

미 공군 소유 탄약 저장 관리(MAGNUM)

한국 공군이 미 공군 소유 탄약을 저장 및 관리하는 것을 매그넘 MAGNUM이라고 한다. 한국 공군은 대구, 광주, 수원, 청주, 오산, 군산, 사천 등 7개 한국 공군 기지 내 한국군 탄약고에 2014년 기준 미 공군 탄약 3만 4000톤을 한국의 비용으로 저장하고 있다.

한미 공동 운영 기지(COB)

한미 공동 운영 기지COB는 "평시 상설 미 공군 작전 부대가 없는 한국 공군 기지로서 미 공군 전용 시설과 구역을 미 공군이 유지 관리하는 기지"로, '한국 공군과 미 공군 간의 공동 운영 기지 운영에 관한 합의서' 제3조 제1항에 규정되어 있다. COB는 한반도에서 전쟁 발발 시 미 공군 작전 부대를 수용하고 숙영시키는 곳이며 이를 위해 평시에도 전쟁 예비 물자WRM 및 장비를 보관하고 있다. 청주, 김해, 광주, 수원, 대구의 한국 공군 비행장 5곳이 한미 공동 운영 기지로 지정되어 있다. 공동 운영 기지 내 미군 전용 구역 면적은 대구 26만 평, 청주 5000평, 광주 25만 평, 수원 28만 평, 김해 10만 평이다. WRM은 한반도 유사시 미 증원 공군이 사용하기 위해 저장하는 물자로 항공기 연료 탱크, 폭탄 탑재 장치, 항공기 지상 장비, 차량, 부대유지용 기본 물자(청소 도구 등), 취사 장비와 식기류, 의료 장비 등을 말한다. COB는 원래 1970년대 초 미국이 나토의 독일(서독), 이탈리아, 노르웨이, 영국 등과 각각 기지 공동 사용에 합의한 것에서 유래한다. 하지만 냉전이 종식되면서 나토 내 COB는 폐지됐다.

7. 미군 기지 이전 비용

주한미군 기지 이전 비용, 한국은 얼마나 부담할까?

평택 미군 기지 이전 사업은 한강 이북에 있는 미군 기지, 즉 미 2사단과 용산 미군 기지를 평택으로 옮기는 사업이다. 미군 기지 이전의 경우 한미 소파 제5조에 따르면 한국은 이전할 곳에 대한 부지 제공 의무밖에 없다. 그렇지만 미국은 기지 이전을 요구한 측이 기지 이전 비용을 부담해야 한다는 '요구자 비용 부담 원칙'을 들고 나왔고, 이를 한국이 받아들여 미국이 이전을 요구한 미 2사단은 기본적으로 미국이 이전 비용을 부담(LPP 협정)하고 한국이 이전을 요구한 용산 미군 기지는 한국이 비용을 부담(용산 기지 이전 협정)하기로 합의하였다. 이러한 한미 합의를 바탕으로 정부는 평택 미군 기지 이전 비용에 대해 한국과 미국이 대체로 절반씩 부담한다고 국회에 설명했다. 미 2사단 이전 비용은 미국이 부담하고 용산 미군 기지 이전 비용은 한국이 부담하게 되기 때문에 그렇다는 것이다. LPP 개정 협정 및 용산 기지 이전 협정Yongsan Relocation Program, YRP에 관한 국회 비준 동의안이 국회에 제출된 것은 2004년 11월이다. 그때 정부는 미군 기지 이전 비용이 10조 원 정도이며 이중 한국이 5조 4510억 원(건설비 3조 6900억 원, 부지 매입비 1조 240억 원, 사업 관리비 7570억 원), 미국이 4조 5000억 원을 부담한다고 보고했다. 2007년 3월 20일 국방부 주한미군 기지 이전 사업단 단장(권행근 육군 소장)도 평택 기지 시설 종합 계획을 발표하면서 "주한미군 기지 이전에 총 10조 원이 들고 이중 한국이 5조 5905억 원을 부담할 것"이라고 주장하였다.

평택 미군 기지 이전 비용이 급등한 이유?

하지만 평택 미군 기지 이전 비용은 2004년 정부의 처음 발표보다 크게 늘어났다. 2010년 12월 종합 용역 관리 업체PMC가 평택 미군 기지 이전 비용 총액이 16조 원이라고 발표한 것이다. 처음보다 무려 6조 원이 더 늘어난 액수다. 그와 함께 한국의 부담도 5조 4710억 원에서 8조 9000억 원으로 늘어나 액수로는 3조 4290억 원, 비율로는 62.7%가 늘어났다. 건설비가 1조 3441억 원, 부지 매입비 포함 사업 지원비가 2조 849억 원 늘어났다.

건설비가 크게 증가한 주된 원인 중 하나는 미국의 설계 기준 변경 이다. 주한미군이 애초 한미가 합의한 설계 기준(미 국방부의 군사 건설 소요 관련 문건인 「DD1391」의 환경 및 대테러 기준)을 2008년 변경하여 북한의 생화학 및 핵 공격에 대해 완벽하게 보호받을 수 있는 수준으로 설계를 바꾼 것이다. 바뀐 설계 기준에 따라 한국 전투사령부KORCOM와 미8군 사령부, 통신 본부, 병원 등 특수 시설을 건설하게 됨으로써 특수 시설 공사비가 원래 계획보다 20%가량 늘어나 1조 원이 넘는 것으로 알려졌다. 핵공격에 완벽히 보호받을 수 있는 시설은 미군 전체를 범위로 보아도, 유럽과 중동에는 없고 핵전쟁을 지휘하는 북미항공우주방위사령부 NORAD와 백악관 시설 일부 밖에 없다는 점에서 과잉이라는 비판을 피할 수 없다. 또 이런 특수 시설의 설계 변경은 미국이 채택하고 있는 대북 선제공격 전략의 이행에 대비하기 위한 것이라는 점에서도 매우 우려되는 것이다.

건설비가 늘어난 또 다른 요인은 미국 설계 기준 적용에 따른 건설비 추가 부담이다. 한국은 애초 학교나 가족 주택의 건설 비용을 한국 설계 기준으로 추정하였다. 그러나 주한미군은 가족 주택이나 학교의 설계 단가를 미 국방부 기준으로 계산하였다. 미국 설계 기준이 적용된 평택 기지 가족 주택의 설계 단가는 평당 637만 원으로, 국내 건설비(409만 원)의 1.56배에 달한다. 고등학교 건설비는 대테러 방어와 소방 기준 강화 등으로 국내 기준의 2배가 넘는 3.3m²당 1023만 원이다. 미국 설계 기준 적용에 따른 한국의 건설비 추가 부담이 1조 원이 넘는다. 미국 설계 기준을 적용하는 것은 "시설 소요는 미국 국방부 기준에 기초하여야" 한다는 용산 미군 기지 이전 협정(제4조 제2항)에 따른 것이라 보인다. 그러나 미 국방부 기준을 적용한다고 하더라도 군사 시설이 아닌 학교나 가족 주택까지도 미국 국방부 기준을 적용하고 더욱이 미 국방부 기준과 국내 기준이 단가에서 과도하게 차이가 나는데 그 부분까지 한국이 부담하는 것은 불평등하다.

건설비가 늘어나게 요인 중의 마지막 하나는 '전술 지휘 자동화 체계 Command, Control, Communication, Computer and Intelligence System, C4I' 이전 비용의 대폭 증가다. YRP에 의하면 용산 미군 기지의 C4I를 평택으로 이전하는 비용과 관련해서 한국은 C4I 기반 체계를 제공하고 사용이 불가능한 기존 C4I 장비는 900만 달러 범위 내에서 대체 장비를 제공하는 것으로 돼 있다. 국방부는 용산 기지 이전 협상 초기인 2003년 6월 용산 미군 기지 C4I 이전비의 한국 부담액이 202억 원이라고 발표했다. 그런데 2004년 국방부는 부담액을 480억 원이라고 국회에 보고하더니, 2007년 2150억 원, 2008년에는 4127억 원이라고 발표했다. 한국 분담액이 국방부의 최초 추정보다 무려 20배 가까이 증가한 것이다.

미 육군 홈페이지www.army.mil 아시아·태평양 소식란에 'Power Projection Enablers team backstops Korean transformation effort'라는 제목으로 2015년 2월 5일에 게시된 글에 따르면, 미국의 '전력 투사 지원팀'은 C4I 건설 비용이 8억 2800만 달러라고 밝혔다. 이 비용은 LPP와 용산 기지 이전 두 경우를 합친 것이다(LPP 사업의 경우 미국이 C4I 이전 비용을 부담하는 것으로 되어 있지만 미국 측 비용을 현재 방위비분담금에서 충당하고 있기 때문에 결국 팽창된 C4I 이전 비용은 대부분 한국 부담이 될 것으로 보인다).

평택 미군 기지의 건설비가 폭등하게 된 근본적인 이유는 한국에 일방적으로 불리하게 체결된 YRP와 그 '이행 약정' 및 '기술 양해 각서'의 각종 독소 조항 때문이다. 국회 비준 동의를 받은 용산 미군 기지 이전 협정은 한국의 비용 부담 범위를 포괄적으로 정해놓은 데다가 미국에게 사실상 건물 설계권을 위임하고 있다. 또 국회 비준을 받지 않아 권리와 의무를 창출할 수 없는 '이행 약정'과 '기술 양해 각서'는 미국이 평택으로의 미군 기지 이전 건설 사업의 기획, 설계, 관리 등의 전권을 행사하고 한국은 비용을 책임지도록 규정하고 있다. 시민사회단체들이 용산 기지이전 협정이 '미국에 백지수표를 쥐어주는 불평등한 협정'이라고 비판한 이유다.

'사업 지원비'의 증가 폭도 컸다. 사업 지원비가 평택 기지 이전 지원비(1조 원), 반환 기지 환경오염 치유비(2134억 원), 기지 밖 사회간접 자본 등의 항목이 추가되면서 1조 7810억 원에서 무려 2조 849억 원이 증가한 3조 8659억 원으로 불어났다. 당초 국방부가 사업 지원비에 부지 매입비 정도만 반영했던 것은 미군 기지 이전 사업에 대한 한국 부담을 최대한 줄여서 국회에 보고하려는 의도가 있었기 때문이라는 의심이 들 정도다.

8. 미군 기지 환경오염 치유 비용

한국은 주한미군에 시설과 구역을 공여할 때 사전에 환경 조사를 실시하고 만약 환경오염이 있으면 이를 정화하여 미군에게 공여해야 한다. 2001년 1월 한미 소파 개정 때 '한미 소파 합의의사록 제3조 제2항에 관하여'가 신설(이른바 환경 조항)되었고 동시에 이를 좀 더 구체화한 '환경보호에 관한 특별양해각서'도 채택되었다. 한국은 주한미군의 사드 성주 배치 과정에서 우리 비용으로 환경 조사를 실시(2017년 4월)하여 부지를 공여했다.

환경 조사는 환경오염으로부터 미군을 보호하는 것이 목적이다. 반면 환경 영향 평가는 국내법(환경 영향 평가법)에 따른 의무사항으로 미군 기지 설치로 인해 예상되는 환경오염 여부를 확인해 주민과 주변 생태를 보호하기 위한 것이다. 그런데 국방부는 공여 부지가 33만m^2 이상이면 약식(소규모)이 아닌 정식 환경 영향 평가를 해야 하므로 이를 피하기 위해서 70만m²의 부지를 두 번에 걸쳐 쪼개서 미군에게 공여하려 했던 것으로 청와대 조사 결과 밝혀졌다.

2003년에 채택된 '환경 정보 공유 및 접근 절차 부속서A'를 미군이 한국에 반환한 시설은 미국이 비용을 들여 치유 조치를 실시하는 것으로 되어 있다. 하지만 미국은 '환경 보호에 관한 특별양해각서'를 근거로 "주한미군이 야기하는 인간 건강에 대한 급박하고 실질적인 위험Known, Imminent and Substantial Endangerment to human health, KISE을 초래하는 오염"에 대해서만 자신의 책임을 인정한다. 이를 바탕으로 지금까지 주한미군은 한국에 반환하는 미군 기지의 환경오염에 대한 자국 책임을 인정한 적이 한 번도 없었으며 그 결과 한국이 반환 미군 기지의 환경오염 치유 비용을 고스란히 떠맡고 있는 상황이다.

국방부의 '반환 미군 기지 환경 조사 및 치유 사업'은 2003년부터 2024년까지 총 80개 미군 기지를 조사하고 이 중 47개 기지를 치유하는 것으로 2015년 기준 17개 기지의 환경 정화 사업이 완료된 것으로 알려져 있다. 국방부는 「2010년 국방 예산 사업설명서」에서 반환 미군 기지의 환경 조사 및 치유에 총 3478억 원이 들 것으로 추정했으며, 2009년에서 2014년까지 집행된 예산은 2152억 원이라고 밝혔다. 또한 국방부는 「2016년 국방 예산 사업설명서」에서 2015년부터 2019년까지의 환경조사 및 치유 사업비로 232억 원을 계획하고 있다고 밝혔는데, 반환 미군 기지 환경오염 치유 사업비는 기준을 낮게 설정해 축소한 것이라는 비판이 있어왔다.

국회의원 단병호는 2006년 4월 5일 반환 미군 기지 환경오염을 미국

그림 2-1 용산 미군 기지 기름 유출 사고 현황

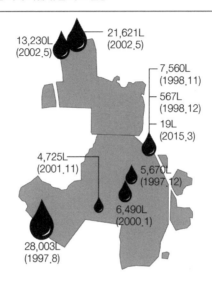

자료: 녹색연합, 민주사회를 위한 변호사 모임, 용산 미군 기지 온전히 되찾기 주민 모임(2017.4.3).

기준으로 치유할 경우 드는 비용을 12조 3000억 원이라고 추산하였다. 정부의 추산 3478억 원보다 무려 35배나 더 많은 액수다.

용산 미군 기지 오염 현황과 치유 비용

미 국방부가 시민단체 '녹색연합', '민주사회를 위한 변호사 모임' 등의 정보 공개 청구에 따라 2016년 11월 공개한 바로는 용산 미군 기지에서 기름이 유출된 사건이 1990년부터 2015년까지 84건에 달한다. 여기에 주한미군이 공개를 거부한 6건을 합치면 25년 동안 최소 90건의 기름 유출 사건이 있었던 셈이다.

그런데 이 중에서 한국 정부가 파악한 사건은 5건에 불과하다. 주한미군이 기름 유출 사건을 한국 정부에게 알리지 않고 은폐한 것이다. 주한미군이 시민단체에 공개한 사건에는 주한미군 자체 기준으로도 '최악의 누출'로 분류하는 1000갤런(3789L) 이상의 유출 사고도 7건 포함되어 있다. 국토해양부의 2011년 '용산 공원 정비 구역 종합 기본 계획'은 용산 미군 기지의 '토양 정화비'를 1030억 원으로 계산하고 있다. 이는 18개 반환 미군 기지의 오염면적이 평균 17% 정도인 것을 참고해 단순 추정한 액수다.

하지만 위 액수에는 지하수 정화 비용과 기지 주변 지역 오염 정화 비용은 빠져 있다. 더욱이 시민단체의 정보 공개 청구로 확인된 용산 기지의 광범위한 구역에서의 기름 유출을 볼 때 오염 면적은 17%를 훨씬 상회할 것으로 보인다. 이 점에서 "3000억에서 5000억 원 이상의 천문학적인 정화 비용을 예상하고 있고, 심지어 토양을 전부 들어내야 할지도 모른다"(≪노컷뉴스≫, 2013.6.17)라는 전문가들의 우려가 현실이 될 가능성이 높다.

9. 2017년 정부 예산 중 주한미군 지원

마지막으로 2017년 예산을 살펴보자. 2017년 국방 예산 중 주한미군과 관련된 예산이 4조 6752억 원이다. 이 금액은 2017년도 국방 예산 일반회계 기준 40조 3347억 원의 11.6%에 해당한다. 인건비를 제외한 운영 유지비 및 무기 도입비 23조 1883억 원의 20.2%에 해당하는 액수다. 주한미군 관련 예산은 국방부 외에도 행정자치부나 환경부 등의 타 부처에도 배정되어 있다. 지방자치단체에서도 미군 기지 공여 구역 주변 지원 사업을 위해 예산을 배정하고 있다.

① 국방부 소관 예산 2조 6990억 원

방위비분담금 9355억 원, 해외 도입 장비 운용을 위한 해외 정비 4950억 원(전체 5500억 원 중 90%를 미국에서 소비), 해외 수리 부속 구입 4950억 원(전체 5500억 원 중 90%를 미국에서 구입), 한미 연합 군사 훈련 비용 분담금 38억 6000만 원, 공군 시뮬레이터 훈련 20억 6500만 원, 공군 연합 공중 급유 훈련 48억 7100만 원, 연합 지휘 통신 체계(C4I) 사용 및 개선 등 318억 5300만 원, 항공우주작전본부 신축 실시 설계비 분담금 33억 3700만 원, 주한미군 시설 부지 지원 65억 2200만 원, 동두천 사유지 매입 및 캠프 님블 부지 매입 2억 2000만 원, 미군 기지 이전 사업비 7408억 원(특별회계에 포함).

② 방위사업청 소관 예산 1조 9762억 원(총 사업비 16조 6113억 원 중 2017년 소요액)

F-35 9871억 원, AH-64E(공격 헬기) 2274억 원, CH-47D(기동 헬기) 35억 원, 고고도 정찰용 무인항공기 2294억 원, 패트리어트 요격 미사일 493억 원, 함대공유도탄 15억 원, 잠대함유도탄 118억 원, 다목적 정밀 유도 확산탄 305억 원, 차기 단거리 공대공유도탄 400억 원, 중거리 공대공유도탄 407억 원, KF-16 성능 개량 713억 원, 패트리어트 성능 개량

2837억 원.

③ 행정자치부 소관 예산 1862억 원

기지 이전에 따른 평택 지원 560억 원, 공여 지역 주변 지원 1302억
원(포천, 동두천, 파주, 군산, 수원 등).

④ 환경부 소관 예산 61억 원

반환 예정 미군 기지 환경 조사 및 위해성 평가 43억 원, 주한미군 공
여 구역 주변 지역 환경 기초 조사 등 18억 원.

⑤ 지방자치단체 예산 345억 원

군산시 70억 원, 파주시 169억 5000만 원, 포천시 104억 5000만 원,
수원시 6565만 원.

위 자료 중 일부는 평화·통일연구소가 국방부에 정보 공개 청구를 하
여 알아낸 것이며 일부는 국방부의 「2017년 국방 예산 사업설명서」에
서 발췌한 것이다. 카투사 운영 예산은 국방부가 공개하지 않아 싣지 못
했는데 대략 100억 원으로 파악된다. 해외 정비와 해외 수리 부속 구입
예산은 경쟁 입찰 방식으로 국가를 선정하므로 미국에 얼마나 지출될지
아직 알 수 없어 이전의 관행을 참고하여 추정했다.

지불 능력으로 비교해본 한·일·독의 주둔 미군 지원

한국과 일본, 독일 세 나라는 대표적인 미군 주둔국이다. 미 국방부에 의하면 2014년 9월 30일 기준 미군은 한국에 2만 9304명, 일본에 4만 8714명, 독일에 4만 850명이 주둔하고 있다.

이들 세 나라의 미군 주둔비 지원 부담이 지불 능력에 비춰볼 때 어느 정도인지 비교해보면 〈표2-2〉와 같다. 미군 주둔 경비 지원액은 절대액으로 보면 한국은 독일보다 2.3배 많고 일본의 4분의 1 수준이다. 그런데 GDP 대비 지원액 비율을 따져보면 한국은 0.19%로 일본 0.14%의 1.4배, 독일 0.026%의 7.3배나 된다.

즉, 경제력을 반영해서 생각해보면 한국은 일본보다 1.4배, 독일보다는 무려 7.3배나 많이 부담하고 있는 것이다.

표 2-2 한국·일본·독일 주둔 미군 직간접 지원 규모 비교   (단위: 미국 달러)

	한국(2010년)	일본(2010년)	독일(2012년)
GDP(A)	1조 943억	5조 4987억	3조 5396억
총 지원(B)	20억 5000만	76억 7000만	9억 700만
B÷A×100	0.19%	0.14%	0.026%

자료: GDP는 대한민국 통계청 홈페이지 자료 참고. 한국 총 지원은 국방부 발표 직간접 지원액에 미군 기지 이전 비용을 합산. 일본 총 지원은 일본 방위성(防衛省) 『방위백서(防衛白書)』 참고. 독일 총 지원은 미 국방부 「운영유지 예산 개요(Operation and Maintenance Overview)」와 미국 행동 포럼(AAF)의 『동맹국의 비용 분담 보고서(Burden-Sharing With Allies: Examining the Budgetary Realities)』 참고.

· 제 3 장 ·

방위비분담금 사업 자세히 보기

1. 인건비 지원 사업

사업 개요

방위비분담금으로 주한미군 고용 한국인 노동자의 임금을 75% 한도
에서 지원하고 있다. 인건비 지원 한도는 2013년까지는 71%였는데
2014년부터 75%로 늘어났다. 2016년도 인건비 지원금은 3630억 원이
다. 이 금액은 2016년 기준 한국인 노동자 8579명의 총 인건비 5117억
원의 70.9%에 해당한다. 인건비 지원 사업은 2017년 기준 전체 방위비
분담금 중 38.4%의 비중을 차지한다.

주한미군 고용 한국인 노동자는 국방부 예산에서 임금을 지급받는
예산 기관 노동자와 자체 영업 수익금에서 임금을 지급받는 비예산 기
관(호텔, 피자점, 은행 등 영업 부서) 노동자로 나뉜다. 방위비분담금에서
임금이 지원되는 것은 예산 기관 노동자에 한정된다. 2014년 기준 예산
기관 노동자는 9025명, 비예산 기관 노동자는 3165명이다.

미군의 현지 노동자 고용 방식에는 직접 고용과 간접 고용이 있는데, 한
국인 노동자들은 직접 고용에 해당한다. 참고로, 주독미군은 직접 고용,
주일미군은 간접 고용 방식(일본 정부가 노동자를 고용하는 형태)을 따른다.

문제점

인건비로 이자 취득?

인건비 지원금은 주한미군에게 현금으로 세 번에 걸쳐 나눠 지급된

다. 그렇기 때문에 인건비가 노동자들에게 실제로 다 지급될 때까지 시간 차이가 발생한다. 주한미군은 이점을 이용해 시중 은행에 인건비를 예치하고 이자를 취득했다. 하지만 이는 영리 활동을 금지한 한미 소파 제7조(접수국 법령의 존중)에 위배된다.

노동자 임금 인상 억제

미국 대통령이 연방 공무원 임금 동결을 실시하면서 미국 공무원 임금은 2011년부터 2013년까지 동결됐다. 주한미군은 3년간 연방공무원 임금 동결을 핑계로 한국인 노동자의 임금을 동결했다.

2002년부터 주한미군 기지 이전이 시작되자 미국은 군사 건설비를 늘리기 위해 방위비분담금 중 인건비 비중을 낮추고자 한국인 노동자의 임금 인상을 억제하고 있다. 2002년에서 2016년 사이에 인건비 비중은 전체의 45.5%에서 38.4%로 낮아진 반면 군사 건설비 비중은 28.4%에서 44.7%로 2배 가까이 상승하였다.

주한미군 한국인 노조는 방위비분담금에서 인건비 비중을 40%로 고정하고 다른 항목으로 전용하지 못하도록 해야 한다는 입장이다. 인건비 비중을 고정하지 않으면 미군 기지 이전 비용을 마련하기 위해 감원이 잇따를 수 있다고 우려하는 것이다.

주한미군 고용 한국인 노동자의 복지와 노동 조건

주한미군 고용 한국인 노동자들은 주한미군의 전투 업무를 제외한 일반 행정 업무나 일반 기술 업무의 75%를 맡고 있다. 한국인 노동자가 없으면 주한미군의 일상 업무 자체가 돌아가기 어렵다. 하지만 주한미군 고용 한국인 노동자들은 국내 노동법의 보호를 사실상 받지 못한다. 한미 소파의 노무 조항(제17조) 때문이다. 한미 소파 제17조 제3항은 "미군이 한국인 노동자를 위해 설정한 고용 조건, 보상 및 노동 관계는 대한민국의 노동법령의 제 규정에 따라야 한다"라고 되어 있다. 그런데 사용자로서 주한미군이 한국 노동법을 지켜야 할 의무는 '한미 소파 제17조 규정과 미군의 군사상 필요에 배치되지 아니하는 한도 내에서'(제17조 제3항)라고 규정되어 있다. 즉, 한미 소파 제17조가 한국 노동법보다 우선이며 미군의 군사상 필요가 있으면 노동법을 지키지 않아도 되는 것이다. 국내 노동법의 보호를 받지 못하는 주한미군 고용 한국인 노동자들은 국내 노동자들에 비해 임금이나 고용, 복지 등 여러 면에서 불리한 처우를 받고 있다. 주한미군 한국인 노조 최응식 위원장은 2016년 인터뷰에서 "국내 기업을 보면 직원 식당을 운영하는 것이 보편화돼 있고 또 법으로 일정 규모 이상 사업장에는 보육 시설을 두게 돼 있지 않습니까? 이런 게 전혀 없죠. 반면 주한미군에 대한 복지 시설은 다 있습니다. 체육관, 운동장, 헬스장, 수영장, 도서관 다 있습니다. 그런데 한국인 직원은 출입 금지입니다"(≪오마이뉴스≫, 2016.9.9)라고 하면서 한국인 노동자들은 미군 전용 식당에 출입할 수 없기 때문에 도시락을 싸서 다니거나 직접 밥을 지어 먹는다고 했다.

주한미군은 퇴직연금제 도입에도 부정적이다. 한국 정부가 2012년 7월부터 퇴직금 중간 정산을 금지하고 퇴직연금 가입을 유도하고 있음에도 불구하고 주한미군은 퇴직금을 매년 정산하고 있다. 퇴직연금 가입 시 3~4억 원의 금융기관 수수료를 부담해야 한다는 것이 퇴직연금 가입을 허용하지 않는 이유로 알려져 있다.

한국인 노동자들은 고용 불안에도 시달리고 있다. 2011년 8월 미국 예산통제법 통과와 미 연방 예산 자동 삭감(정식 발효는 2013년 3월)의 영향으로 2012년에만 560명의 한국인 노동자가 정리해고 당했다. 주한미군은 2014년 "아이디얼 스태핑 Ideal Staffing"이라 불리는 "이상적 직원 채용 기법"을 도입하였다. 이는 한국인 정규직을 줄이는 대신 파트타임을 늘리고, 한국인 노동자를 미국인 노동자로 바꾸는 정책이다. 미 2사단과 용산 기지에서 평택 미군 기지로의 미군 이사가 2016년 7월부터 시작되었는데 주한미군은 이를 아이디얼 스태핑을 적용하는 좋은 기회로 활용하고 있다.

또한 주한미군은 방위비분담금이 아닌 자체 영업 수익으로 임금을 주는 비예산 기관(또는 비충당부서)에 고용된 한국인 노동자들을 상대로 집중적인 인건비 절감 공세를 펴고 있다. 미국은 주한미군 기지 내에서 물품을 판매하는 교역처AAFES에 근무하는 한국인 노동자 1600명 중 기지 이전 대상 직원 600명의 50%를 시간제 일자리로 전환하겠다고 통보했다. 미 군사 은행인 커뮤니티 뱅크는 7급 이하 정규직 직원 전원을 주 30시간 시간제 일자리로 전환한다고 했다. 즉, 아이디얼 스태핑이란 인건비를 줄이고 미국인들의 해외 고용을 늘리는 주한미군의 자국 위주 구조조정인 셈이다. 한국인 노동자들을 해고하고 그 자리를 미국인으로 채우는 것이나 한국인 정규직의 비정규직화는 2001년에 체결한 '한국인 고용원의 우선 고용 및 가족 구성원의 취업에 관한 양해각서'에 위배된다. 이 각서에는 "현재 한국인을 고용하는 것으로 지정된 직위에 대해서는 한국인만을 배타적으로 고용한다"라고 되어 있다.

미군 기지 이전에 따라 평택으로 옮겨가야 할 의정부나 동두천 미군 기지 한국인 노동자 4800명의 주거 문제도 발생했다. 최응식 위원장은 "정부가 주한미군과 평택시에 34조 원(평택 미군 기지 사업 16조 원, 평택시 지원 사업 18조 원)이라는 엄청난 돈을 혈세로 지출하면서도 한국인 노동자들의 생활 정착 자금이나 거주비에는 단돈 10원도 책정하지 않았다. 평택 미군 기지에 한국인 노동자를 위한 식당 하나만 지어 달라는 요청에 '이미 끝났다'고 대답하는 게 한국 정부다"(≪매일노동뉴스≫, 2016.

5.16)라고 하면서 한국 정부의 무관심을 비판하고 있다.

주한미군 한국인 노동자들은 한미 소파의 노무 조항 때문에 단체 행동권이 사실상 봉쇄돼 있는 등 노동 3권을 제대로 보장받지 못하고 있다. 그러다보니 사용자인 주한미군에 대해 교섭력을 발휘하기 힘들다. 다음은 외국 기관 노조 연맹(외기노련) 박종호 위원장의 말이다. "(한국 노동법의 적용을 받는다는 규정은) 실제로는 작동하지 않는다. 2011년부터 3년간 임금이 동결됐을 때 노조가 교섭을 요구했으나 받아들여지지 않았다. 미군은 미 국방비 예산법에 따라 임금을 일방적으로 결정해 통보했다. 쟁의 행위 길도 막혀 있다. 1959년 주한미군 노조가 처음 만들어진 뒤 57년이 흘렀다. 노동 3권을 보장받을 때도 됐다"(≪매일노동뉴스≫, 2016.4.4)라고 말했다.

2. 군사 건설(시설 개선) 사업

사업 개요

주한미군의 막사, 장교 숙소, 훈련장, 주차장, 교회, 운동 및 취미 시설 등 전투 및 비전투 군사 시설을 건설하는 사업이다. 2016년 기준 군사 건설비는 4220억 원으로 방위비분담금의 44.7%를 차지한다. 군사 시설 개선 사업이라고도 부른다.

군사 건설 사업은 한국 업체가 계약 발주 및 시공을 맡으며 현물로 주한미군에게 제공한다. 설계 및 시공 감리는 주한미군이 맡는다. 설계 및 감리는 현금으로 지급되는데 군사 건설 사업비의 12%로 정해져 있다.

문제점

제한 없는 사업 범위

군사 건설 사업은 사업의 범위가 특정되어 있지 않다. 그러다 보니 주한미군의 임무 수행과 직접 관련이 없거나 군사 시설로 보기 어려운 시설들, 가령 미 2사단 기념관 건립, 용산 고가 차도 건설, 교회, 운동 취미 시설, 세차장 등에 돈이 투자되는 등 낭비가 심하다. "회관, 골프장, 극장 및 볼링장 같은 위락 시설들을 건설, 확장, 수리 또는 관리하는 데 사용될 수 없다"라는 제한이 이행 약정에 있긴 하지만, 이는 일본이나 나토와 비교하면 매우 헐겁다. 한국의 군사 건설비와 비슷한 개념으로 일본은 주일미군 시설 정비를 지원하는데, 여기에 배정된 자금으로 정비할 수 없는 다양한 시설(종교 시설, 볼링장 등)이 규정되어 있다. 나토의 안보 투자 사업(NSIP)은 더욱 엄격하다.

다층적인 군사 건설비 부담

주한미군에 대한 군사 건설 지원은 군사 건설비가 유일한 것이 아니다. 군수 지원비 항목에 포함되어 있는 '시설 유지 보수'도 군사 건설비로 분류되어야 한다. 연합 방위력 증강 사업Combined Defense Improvement Program, CDIP도 군사 건설비로 분류될 수 있다. 미군 기지 이전 사업도 사업 내용으로 보면 군사 건설에 속한다. 시설 유지 보수는 현재 방위비분담금 항목 중 '군수 지원비'에 포함돼 있다. 이는 주한미군 기지 안의 기존 시설 중 노후 시설을 대상으로 한 지원으로 2016년 252억 원이 지원됐다. 원래 시설 유지 보수는 군사 건설비에서 충당했다. 그런데 미국은 6

차(2005~2006년) 방위비분담 특별협정 체결 협상 시기 '시설 유지 보수비'를 방위비분담금의 새로운 항목으로 추가할 것을 요구했고 결국 군수 지원비의 한 항목으로 합의하였다. 시설 유지 보수를 추가 항목으로 요구한 미국의 속셈은 군사 건설비를 최대한 미군 기지 이전 비용으로 쓰기 위해서였다.

CDIP는 2009년에 군사 건설 사업에 통합됐지만, 통합 전까지는 인건비, 군사 건설비, 군수 지원비와 함께 방위비분담금의 한 항목이었다. CDIP는 한미가 공동으로 사용하는 전투 시설의 건설을 한국 국방 예산으로 지원하는 사업이다. 1974년부터 시작되었는데 1991년 방위비분담 특별협정이 체결되기 전까지 최대의 주한미군 지원 사업이었다. CDIP는 미 동맹국들의 부담을 늘림으로써 아시아에 대한 미국의 군사 주둔 규모와 비용을 줄이려는 닉슨의 괌 독트린에 의한 것이다. CDIP는 1980년에서 1983년 사이에 연 평균 9800만 달러에 달할 정도로 한국에 재정적으로 큰 부담이었을 뿐만 아니라 아무런 법적인 근거가 없이 시행되는 등 문제가 많았다. 주한미군이 CDIP 사업비를 미군 단독으로 사용하는 군사 시설들에 투자하면서 군사 건설 사업과 차별성이 없어져 2009년부터 군사 건설비에 통합되었다.

미군 기지 이전 사업도 군사 건설 사업에 해당된다. 2016년 한 해 주한미군 건설 사업 배정 예산 전체를 보면, 방위비분담금에 의한 군사 건설비 4220억 원, 시설 유지 보수 252억 원에 미군 기지 이전 사업 6852억 원을 합쳐 1조 1324억 원(9억 7600만 달러)이다. 이는 미국이 2016년 해외 미군 기지 전체에 편성한 군사 건설 예산 11억 달러(가족 주택 관련 예산 제외)에 육박한다.

방위비분담금의 미군 기지 이전비 전용으로 인한 대폭 증액

방위비분담금이 미군 기지 이전비로 전용되는 것은 LPP 협정 위반이라는 불법적인 측면에서도 문제가 있지만 방위비분담금의 증액을 초래하는 요인이라는 점도 문제가 된다. 미국은 미군 기지 이전비로 전용할수 있는 군사 건설비를 늘리기 위해 방위비분담금의 대폭 증액을 요구했고 늘어난 방위비분담금을 군사 건설비에 집중적으로 배정하였다. 2002년에 6132억 원이던 방위비분담금은 2016년 기준 9441억 원이다. 군사 건설비는 2002년 1741억 원에서 2016년 4220억 원으로 늘어났고, 전체에서 차지하는 비중도 28.4%에서 44.7%로 대폭 증가했다(미군 기지 이전에 방위비분담금을 쓰는 것 자체의 문제점은 제4장에서 다룬다).

연례적인 대규모 미집행액 발생

군사 건설 예산에서 적게는 수백억 원에서 최대 2000억 원이 넘는 미집행액이 매해 발생하고 있다. 이는 사업 계획도 없이 예산을 배정하고 있기 때문이다. 사업 계획을 확정하지 못 했는데 예산을 배정하는 가장 큰 이유는 미국 측이 군사 건설비를 미군 기지 이전 사업에 쓰려고 계획하고 있기 때문이다. 평택 미군 기지 이전 사업 완료 시기는 주로 미국 쪽 사정으로 애초 합의한 2008년에서 수차례 늦춰져 2018년 말까지 미뤄졌다.

미군 기지 이전에 쓰이는 방위비분담금 규모 계산

미국이 방위비분담금에서 미군 기지 이전비로 전용하였거나 앞으로 전용할지 모르는 돈의 규모는 얼마나 될까? 크게 4가지로 구분할 수 있다. 이들의 합계는 총 4조 6671억 원에 달한다.

① 2002년부터 2008년 10월까지 군사 건설비에서 축적한 현금 1조 1193억 원. 이자는 제외한 금액이다.

② 2009년부터 2017년까지 군사 건설비는 총 2조 8591억 원이다. 한국 정부가 군사 건설비를 미군 기지 이전비로 써도 좋다고 양해해주었다. 따라서 이 돈은 전부 미군 기지 이전 사업에 쓰이는 것으로 상정할 수 있다.

③ 협정액과 예산액의 차이(감액분) 5571억 원. 협정액이란 방위비분담 특별협정에서 미국에 지급하기로 되어 있는 해당 연도의 방위비분담금 총액을 가리킨다. 예산액이란 미집행 규모를 줄이기 위해 해당 연도 협정액보다 줄여서 예산을 편성한 방위비분담금을 말한다. 협정액과 예산액의 차이가 감액분이다. 2013년 김관진 당시 국방부장관은 '감액분'의 성격에 대한 진성준 의원의 질문에 "방위비분담금이 한미 특별협정에 의해서 총액이 정해져 있는 돈이기 때문에 설사 예산을 줄여서 편성하였다 하더라도 나머지 액수(감액분)를 미국이 요청하면 지급해야 할 돈"이라고 대답했다. 2011년에서 2017년 사이 감액분은 합계 5571억 원이다. 이는 거의 전부가 군사 건설비에서 감액된 것이므로 평택 미군 기지 건설 사업비에 앞으로 쓸 가능성이 있는 돈이다.

④ 마지막으로 불용액 1416억 원. 정부 예산은 정상적으로 집행된다고 해도 절약이나 필요 이상의 예산 배정 등의 사유로 매년 쓰고 남은 돈, 즉 불용액이 발생할 수 있다. 이 불용액은 사업을 정상적으로 집행한 후 남은 돈이므로 국고로 귀속되는 것이 원칙이다. 하지만 방위비분담금 예산은 불용액이 생겨도 환수하지 않는다. 게다가 미국이 추후 요청하면 이 돈을 주겠다는 것이 이제까지의 한국 정부의 입장이다. 방위비분담금 불용액은 2005년에서 2015년까지 합계 1416억 원이다.

깊이 읽기

군사 건설비 낭비 사례

2003년 말에 방위비분담금 94억 원을 들여 용산 미군 기지의 메인 포스트와 사우스 포스트를 잇는 보행 육교 겸용 고가 차도를 지었다. '부대 방호'가 명분이었다. 용산 고가 차도 건설 계획이 알려지자 많은 시민사회단체는 '부대 방호'가 고가 차도를 건설해야 할 근거가 될 수 없고 용산 기지가 이전될 예정이기 때문에 이는 불필요하다고 지적하고 건설 취소를 요구하였다. 당시 용산 미군 기지가 외부로부터 안전을 위협받은 적이 없기 때문에 부대방호는 핑계일 뿐이었다. 실은 우리 국민들이 주한미군이 저지르는 여러 횡포나 범죄 행위(가령 2000년 독극물 한강 방류 사건 등)에 대해 용산 기지 정문 앞에서 집회 등을 열어 항의하자 이와 마주치지 않고 피해보려는 심산이 컸다. 2003년 2월 6일 고가 차도 기공식 날 기자들이 주한미군 측에 '몇 년 못 쓸 고가 차도를 왜 군이 만들려고 하느냐'고 묻자 이들은 '우리는 단 며칠을 있어도 편하게 지내길 원한다'고 대꾸했다.

또 다른 예로, 2004년 6월 용산 미군 기지 내 사우스 포스트에 미군 아파트 2동(60가구)을 총 276억 원을 들여 건축하였다. 당시 미군 아파트 평당 건축비는 1000만 원(한국 평균 300만 원)이 들었다. 미군 기관지 ≪스타스앤드스트라이프스Stars and Stripes≫는 당시 이 아파트가 바비큐장, 농구장, 발코니, 지하 주차장, 첨단 보안 시스템 등을 갖추고 있다고 하면서 "그저 놀랍다는 말밖에 할 수 없다"라는 주한미군 34지원 단장의 소감을 보도하였다.

미 상원 군사위원회는 "해외 미군 주둔에 따른 미국의 비용과 동맹국의 부담"을 분석한 2013년 보고서에서, 주한미군이 "방위비분담금을 공돈free money 취급하"면서 "주한미군의 한국 방위비분담금 사용에 대한 감독에 약점이 있으며, 의심스러운 가치를 지닌 프로젝트나 경제적으로 합당하지 않은 프로젝트에 방위비분담금이 방만하게 사용되고 있다"라고 지적하고 "(약 117억 원이 소요되는) 미 2사단 기념관 건립이 아니라 임무에 필수적인 것에 사용하는 것이 바람직"하다고 충고했다.

군사 건설비 해외 사례

미국은 해외 미군 기지에서 각종 군사 건설 사업을 진행한다. 미국은 이때 필요한 자금을 자신의 국방 예산과 주둔국 지원으로 충당한다. 그런데 주둔국의 군사 건설 지원을 비교해보면 한국은 일본, 독일 등 미국의 어떤 동맹국과 비교해도 더 많은 부담을 지고 있다.

미국 의회 행정감독국GAO은 2004년 「방위 기반 시설Defense Infrastructure

표 3-1 주한미군 건설비 한국·미국 부담액 비교   [단위: 억 원(한국), 백만 달러(미국)]

연도	한국 전체	방위비분담금	미국 전체
2011	7,414	3,333	45.2
2012	7,865	3,702	112.0
2013	8,753	3,850	135.3
2014	11,024	4,110	52.2
2015	12,575	4,148	0
2016	11,627	4,220	0
2016	11,980	4,250	0
합계	71,238	27,613	344.7(약 4000억 원)

자료: 박기학 작성(2017).
한국 전체=미군 기지 이전 사업비(YRP, LPP)+방위비분담금(군사 건설비+군수 지원비 중 시설 유지 보수).

보고서」에서 "한국에서 미국은 한정된 액수의 군사 건설 자금을 부담한다. 일본에서 미국의 군사 건설 자금은 조금 필요하거나 아니면 전혀 필요하지 않다. 미국 유럽사령부 관할 지역에서는 비용의 대부분을 미국의 군사 건설과 훈련 관련 자금에서 충당한다. 미국 중부사령부 관할 지역에서는 미국의 '이라크 작전과 아프가니스탄 영구 자유 작전Operation Enduring Freedom 자금'으로 비용을 충당한다"라고 지적했다. 이는 미군을 위해 건설 자금을 제공하는 주둔국은 한국과 일본뿐이라는 말이다.

미국은 한국에서 거의 군사 건설 예산을 쓰지 않는다

미국은 주한미군 기지 건설 사업(미군 기지 이전 포함)과 관련해서 자국의 예산을 거의 쓰지 않으며 한국이 이를 거의 다 부담한다. 미 국방부의 2013년 「운영 유지 예산 개요Operation and Maintenance Overview」를 보면 한국에서 지출하는 미국의 군사 건설Military Construction 예산은 2011년부터 2017년까지의 기간 동안 4000억 원에 불과하다. 그에 비해 한국이 편성한 예산은 같은 기간 총 7조 1238억 원(군사 건설비 2조 7613억 원, 시설 유지비 2809억 원, 미군 기지 이전 사업비 4조 816억 원)에 이른다. 총 미군 기지 건설 사업액에서 한국 부담 비중이 94.7%, 미국 부담 비중은 불과 5.3%다. 사실상 주한미군의 군사 건설 사업은 그 비용을 거의 한국이 낸다고 해도 과언이 아니다.

일본의 제공 시설 정비 비용

일본은 미일 소파에 관한 특별조치협정, 즉 주일미군 경비 분담 특별협정을 맺어 방위비분담금을 미국에 지급하지만 여기에 군사 건설비는 포함되어 있지 않다. 대신 일본은 미일 소파 제24조 제2항(일본의 비용 부담)의 해석을 근거로 지원하는 제공 시설 정비FIP가 있다. 제공 시설 정비는 미군 부대 막사 정비, 항공기 엔진 소음 관련 시설 등 환경 관련 시설의 정비, 관리 시설 등 기타 주일미군의 시설 정비와 주택 신축을 지원하는 사업이다. 이는 이른바 "배려 예산", 즉 재정적 어려움을 겪는 미국을 동정해서 지원하는 돈으로 미일 소파의 규정에 대한 해석을 근거로 지원한다는 점에서 특별협정을 맺어 지원하는 한국의 '방위비분담금'과는 구분된다. 일본의 미군 시설 정비 대상에는 제한이 있다. 종교 시설, 보조 연료 및 군수 창고, 화학적·생물학적 방호물, 일본 정부가 사치품으로 여기는 시설(볼링장, 골프장 등), 미일 소파에서 미군이 책임지게 되어 있는 유지 및 수리 용역 또는 시설은 제외된다. 1990년대 초 제공 시설 정비비는 연간 1000억 엔을 넘을 정도로 상당히 큰 액수였지만, 지금은 줄어서 2016년 기준 206억 엔(2200억 원)이다.

나토의 안보 투자 사업(NSIP)

북대서양 조약 기구, 즉 나토North Atlantic Treaty Organization, NATO는 군사 건설 사업을 회원국들이 분담하는 공동 자금으로 운영한다. 나토 안보 투자 사업NSIP은 나토가 벌이는 유일한 내부 투자 사업이다. NSIP 자금은 개별 회원국의 방위 수요를 뛰어넘는 중요한 군사 건설과 지휘 통제 체계 투자 사업에 지출된다. 이 사업은 방공 통신 및 정보 체계 시설, 통합 구조 및 전개된 부대의 군 사령부 본부, 전개된 부대를 지원하는 데 중요하게 필요한 비행장, 연료 공급 체계, 항만 시설 등을 제공함으로써 나토 전략 사령부들을 지원한다. NSIP는 작전 시설이 아닌 막사나 가족 주택, 체육관 등의 직원 지원 시설, 생활 편의 시설에 대해서는 자금 제공을 하지 못하게 되어 있다. NSIP 예산은 미국을 포함한 나토 회원국들이 각 국가의 GNI를 기준으로 정한 비율에 따라 공동 부담한다. 2017년 NSIP 예산은 6억 5500만 유로(8406억 원)다. 미국이 이 중 22.15%(1861억 원), 독일이 14.65%를 부담한다. 나토의 NSIP는 미군만을 위한 것이 아니라 나토의 유럽 회원국 전체를 대상으로 하며 미국도 돈을 낸다는 점에서 한국의 군사 건설비와 다르다. 한국의 2017년도 군사 건설비 4250억 원은 나토의 2017년 NSIP 예산의 절반에 해당된다.

3. 군수 지원 사업

사업 개요

2016년도 군수 지원 사업 비용은 1591억 원으로, 방위비분담금의 16.9%를 차지한다. 미 육군 탄약의 저장 관리(SALS-K), 미 태평양공군 탄약의 저장 관리(MAGNUM), 장비 정비 사업(주한미군 및 미 태평양사령부의 항공기 및 지상 장비 정비 비용), 전쟁 예비 물자(WRM) 정비 사업, 기지 운영 지원(9차 특별협정 때 신설된 것으로 미8군 시설 유지 용역 비용), 비전술 차량 및 장비 물자 구입비, 수송 지원, 유류 지원비(주한미군 연료의 분배, 저장, 수송 및 유류 저장소 수리 및 정비 용역 사업 비용) 등으로 구성된다.

문제점

미 육군 탄약 저장 관리 비용

SALS-K 합의 각서를 통해 한국은 미 육군 소유 탄약(2014년 기준 14만 5000톤)을 저장 관리하는데, 그 비용을 방위비분담금을 통해 받고 있다. 2014년 기준으로 206억 원이 지출됐고, 1990년에서 2016년까지의 관리 비용을 2016년 환율로 환산하면 27년 동안 6048억 원(연평균 246억 원)이 지출됐다. 그 용도는 탄약고 시설 현대화(확장, 방호 능력 키우기), 수송비, 인건비 등이다. 이 비용은 민간 용역 업체에 지급된 돈으로, 탄약고 부지 비용이나 시설비, 관리에 투입되는 한국군 부대 유지비 등은 빠져 있다.

군사교리로 볼 때 "대략 10만 톤의 탄약을 저장하는데 300만 평 이상

그림 3-1 2016년도 군수 지원비 항목별 금액

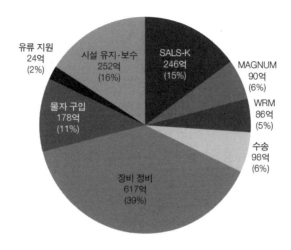

자료: 평화·통일연구소의 국방부 정보 공개 청구(2016.12).

의 부지와 1000억 원 이상의 시설비 및 1개 탄약창 규모의 관리 부대가 필요"(박거일, 1994)하다. 이를 바탕으로 계산해보면 49만 4000톤(미 육군 소유 탄약 14만 5000톤, WRSA-K를 통해 인수한 탄약 25만 9000톤, 반출 유보된 WRSA-K 탄약 9만 톤) 탄약의 저장 관리를 위해 1482만평의 땅이 부지로 쓰이며 이를 위해 5개의 연대급 부대가 운영되고 있는 셈이다. 한국의 탄약창은 모두 9개이므로 절반 이상이 미군 관련 탄약의 저장 관리를 위해 운영된다고 말할 수 있나.

참고로 탄약창이란, 『국방군수용어편람』에 따르면 "병참 지대에 위치하여 탄약의 수령, 저장, 검사, 정비 및 불출을 하며 탄약 사령관(군수

사령관)의 지휘 통제하에 있는 시설"을 말한다(대한민국 국방부, 1991).

1988년 국방부 방식을 이용하여 탄약 저장 관리에 드는 직간접 비용을 금액으로 환산해보자. 『주한미군을 위한 한국 정부의 방위비분담』에는 1987년 한 해 기준 미군 탄약 72만 톤을 저장 관리하는 데 든 비용이 시설비와 시설 유지비 215억 원, 저장 관리비(인건비 및 수송비) 268억 원, 토지 임대료 평가액 1499억 원을 합쳐 1982억 원이라고 기재되어 있다(대한민국 국방부, 1994). 톤당 27만 5278원이다. 여기에는 미군 소유 탄약을 관리하는 한국군의 부대 운영비는 빠져 있다. 1987년부터 2015년까지 전국 소비자 물가는 약 3배 올랐다. 이를 반영하면 2015년 한 해 저장 관리비는 14만 5000톤 기준 1197억 원, 49만 4000톤 기준 4080억 원이다.

SALS-K 합의 각서는 한국 이외의 미국 동맹국에는 없는 불평등한 협정이다. 그리고 미군 소유 탄약을 한국군의 탄약고에 저장하는 것은 한미 소파상 법적 근거가 없다. 『한미 행정협정 해설서』에 의하면 한미 소파 제5조 제2항의 '구역과 시설' 중 '시설'은 "그 소재 여하를 불문하고 구역의 운용에 사용되는 건물, 현존의 설비, 비품 및 정착물"을 의미한다(대한민국 육군본부, 1988). 따라서 (미국이) 새로운 시설을 요구하거나 독립된 시설만을 요구하는 것은 불가능하다"라고 해석하면서 만약 "미국이 시설 이용을 목적으로 그 시설이 설치된 구역의 사용 공여 요구 시 이는 실질적으로 새로운 시설을 요구하는 것이므로 행정 협정(한미 소파)의 대상에서 제외된다"라고 밝히고 있다. 한미 소파에는 한국 육군이 탄약고를 미군 탄약 저장을 위해 제공할 법적 의무가 없는 것이다.

또한, 한국 육군이 저장 관리하는 탄약에는 미 태평양 육군 사령부 탄

약도 포함되어 있다. SALS-K 합의 각서와 함께 체결된 '기록 각서'(제5
항)를 보면 "'태평양사령부 예비PCR' 재고는 한국 내에 저장하고 있으나
이는 미 육군의 태평양 전투 예비량이며 한국의 방어를 위하여 지정될
수도 있고 미국이 지정한 목적으로 사용될 수도 있다"라고 되어 있다.
즉, 미 태평양 육군 사령부 탄약은 한반도가 아닌 아시아·태평양 지역
에서의 미 군사 작전에도 쓸 수 있다. 또 미국은 미국 소유 탄약을 한국
저장 시설 및 한국으로부터 반출할 수 있으며 저장된 재고에 방해 없이
접근할 수 있게 돼 있다. 미 육군의 태평양 전투 예비량은 중동 등에서
미군이 수행하는 전쟁에 사용하기 위해 언제든지 한국 바깥으로 반출할
수 있다.

실제로 미국은 이라크 전쟁이 한창이던 2004년과 2005년에 한국에
보관하고 있던 지뢰 제거 폭약을 이라크로 반출했다. 미국이 한국 방어
와 관련 없는 한국 영역 바깥 지역의 군사 작전을 위해서 한국에 탄약을
도입하고 이를 한국군이 저장 관리하는 것은 '한미 상호 방위 조약'에도
위배된다.

미군 탄약 저장 관리로 인한 지역 주민 피해 사례

미군 탄약 저장 관리 때문에 지역 주민의 피해도 크다. 천안시 육군 제3탄약창을 예로 들어보자. 이곳의 넓이는 약 228만 평이며, 성환읍 · 직산읍 · 입장면 등 3개 읍 · 면에 걸쳐 있다. 탄약창 인근 348만 평이 1976년부터 군사 시설 보호 구역으로 지정돼 있고, 사유지 비율이 31.4%다. 이곳 인근 주민들은 50년 넘게 탄약창 때문에 지역 개발 제한이나 주민 안전 문제 등으로 고통받아왔다고 하면서 이전을 요구하고 있다. 그런데 국방부는 미군이 이전 계획을 제출해주지 않아 군사 시설 보호 구역을 재조정할 수 없다는 입장이다(대전MBC, 2013.10.25).

제3탄약창에는 미군이 주둔했다가 철수하면서 한국군에 관리를 넘긴 미군 소유 탄약 시설이 남아 있다. 주민들이 탄약창 이전 서명운동을 벌이자 2014년 11월 국방부는 군사 시설 보호 구역 중 폭발물 안전 거리 바깥에 위치한 28만 평에 대해 지정을 해제하기로 주민들과 합의하였다. 그렇지만 2016년 기준 민간인 소유지 81만 평이 여전히 미해제 지역으로 남아 있었다.

미 태평양사령부 공군 탄약 저장 관리 비용

MAGNUM은 한국 공군이 미 태평양 공군의 탄약을 저장 관리해주는 것을 말한다. 원래 여기에 드는 비용을 미국이 한국에 보상해왔는데 방위비분담금이 지급되기 시작하면서 한국은 이 비용을 방위비분담금에서 받고 있다. 미 공군의 탄약 저장 관리를 위해 한국이 1990년부터 2016년까지 지원한 방위비분담금은 1424억 원에 달한다. 이 비용에도 역시 한국 공군의 부대 운영비나 탄약고 부지 임대비 및 시설비 등은 빠져 있다.

MAGNUM 역시 한국 이외의 미국의 다른 동맹국에는 존재하지 않는 불평등한 협정이다. 한국 공군이 저장하는 미 공군의 탄약 역시 그 용도가 한국 방어용으로 한정되지 않는다. 한국군이 저장하고 있는 미 공군 탄약의 사용 주체는 미 태평양 공군이며, 아시아·태평양 지역 및 미군이 필요로 하는 곳으로 자유롭게 반출할 수 있다.

깊이 읽기

열화우라늄탄

한국 육군 및 공군이 저장하는 미군 탄약에는 열화우라늄탄이 포함되어 있다. 정경두 공군참모총장은 2016년 10월 11일 국정감사에서 한국 공군이 미 공군 소유의 열화우라늄탄을 저장, 관리하고 있다고 증언했다. 미국 친우 봉사회(AFSC)의 정보 공개 청구에 따르면 열화우라늄탄은 2001년 기준 오산·수원·청주 공군 기지에 276만 발(우라늄 828톤)이 저장되어 있다고 한다. 한국 육군이 저장 관리하는 열화우라늄탄은 아직까지 그 규모가 공개되지 않고 있다.

방사능을 함유한 열화우라늄탄은 반인도적인 무기로서 사용돼서는 안 되는 무기다. 열화우라늄탄은 미 육군 및 공군, 영국군이 걸프전, 보스니아 사태, 코소보 공습, 이라크 전쟁 등에서 대전차무기로 사용해 걸프전 증후군, 발칸 증후군을 낳았다. 1991년 걸프전 이후 10년 동안 이라크 어린이들의 소아암은 이전에 비해 4배 이상,

선천성 기형아는 7배 이상, 4살 이상 어린이의 백혈병은 무려 25배나 늘었다는 보고가 있었으며, 이러한 상황의 주요한 원인 중 하나로 열화우라늄탄이 지목되고 있다(≪시사IN≫, 2011.7.14). 걸프전에 참전한 약 70만 명의 미군 중 30만 명 이상이 열화우라늄탄에 노출되었고 그로 인해 수많은 참전 미군들이 백혈병이나 각종 암 등의 발병과 기형아 출산 등 걸프전 증후군을 앓고 있는 것으로 조사되고 있다. 걸프전 참전 군인 협회AGWVA에 따르면 걸프전에 참전한 미 군인의 30%가 만성적인 질병으로 일을 할 수 없어 미 보훈청으로부터 장애 수당을 받고 있는데, 이들의 질병을 발생시킨 원인으로 열화우라늄탄이 지목되었다.

UN에서는 열화우라늄탄의 반인도성에 유의해 5차례에 걸쳐 열화우라늄탄의 인체 및 환경 영향 평가 조사를 요청하는 총회 결의가 채택되었다. 열화우라늄탄은 한국 방어에는 불필요한 과잉 전력이다. 열화우라늄탄은 대전차 무기로 사용된다. 그런데 남북 전차 전력을 비교해보면, 한국군은 수량에서는 뒤질지 모르지만 전차 설계, 화력, 방어력, 기동력 등 질적 면에서 북한군 전차를 압도한다. 가령 남한의 모든 전차의 105mm/120mm 포는 북한 전차의 사정 거리 밖에서 북한 전차의 전면 장갑을 관통할 수 있다. 또 남한 전차는 600m 이상의 거리에서 북한 전차의 포격을 받을 경우 북한군의 APFSDS탄(장갑관통형탄)을 방호할 수 있다. 열화우라늄탄이 없다 하더라도 북한 전차를 방어하는 데 아무런 문제가 없다.

너무 광범위한 기지 운영 지원

'기지 운영 지원'은 9차 특별협정 때 신설됐다. 이는 미8군 기지의 유지를 위한 각종 용역을 가리킨다. 여기에는 시설 유지(해충 구제, 쓰레기 수거, 잔디 깎기, 공공요금 등), 커뮤니티 서비스(스포츠, 헬스클럽, 도서관, 공방 등), 보안 서비스 등이 망라된다. 아주 광범위한 개념으로 군수 지원비를 증액시키는 요인 중 하나다.

전쟁 예비 물자(WRM) 정비 사업과 PAE Korea

군수 지원 사업 가운데 전쟁 예비 물자wRM 정비 사업이 있다. WRM
정비 사업은 한해 100억 원 규모인데 2006년까지는 한국 기업이 맡아왔
다. 군수 지원 사업의 이행 원칙을 담은 '군수 비용 분담 이행합의서
2009~2013'을 보면 "모든 군수 분야 방위비분담 용역은 한국 계약 업체,
한국철도공사 또는 한국군에 의하여 시행되어야 한다"(제3조 제4항)라고
되어 있다. 여기서 '한국 계약 업체'란 군수 지원비를 100% 한국으로 환
류가 되도록 한 군수 지원 사업의 원칙으로 보나 문맥상으로 보나 한국
인이 소유하거나 지배하는 업체를 뜻한다. 실제로 주한미군이 미국 대
기업 록히드마틴의 한국 내 자회사인 PAE Korea에 WRM 정비 용역을
맡기기 이전인 2006년까지 이 사업은 한국 기업이 맡았다. 그런데 주한
미군이 2007년부터 일방적으로 WRM 정비를 PAE Korea에 맡김으로써
한미 사이에 분쟁이 생겼다. 이에 한미는 2014년 방위비분담 특별협정
체결 당시 제도 개선 차원에서 '한국 업체'의 자격 조건을 명확히 하기로
하였다. PAE Korea(미국 대기업의 자회사로 미국인이 주식 51% 보유)처럼
무늬만 한국 기업이고 실질적으로는 미국 소유 회사가 WRM 정비 사업
을 맡지 못하게 함으로써 국내 중소기업들을 보호하자는 취지로 문제가
제기되었지만, 한국과 미국은 협상 끝에 2015년 한국 업체란 '한국 법인
세법에 따른 내국 법인'이고 '외국인 주식 지분과 외국인 이사가 각각
50% 미만인 업체'로 정의하기로 합의하였다.

새로운 한국 업체 정의는 미국 봐주기, 정확히는 PAE Korea를 위한
것이었다. 군수 지원금의 100% 한국 환수를 원칙으로 하기 때문에 '한
국 업체'는 법인세법에서 정의되는 내국 법인(한국법에 따라 설립되어 한

국에 주소지를 둔 법인)과는 다른 개념이어야 함에도, 새삼스럽게 법인세
법상의 내국법인으로 '한국 업체'를 정의함으로써 PAE Korea는 합법적
으로 군수 지원 사업에 참여할 수 있는 길이 생겼다. 미국인 지분이
51%, 한국인 지분이 49%였던 PAE Korea가 미국인 지분을 49%로 낮추
고 한국인 지분을 51%로 높이는 것은 차명 주식 등의 방법을 쓰면 그다
지 어렵지 않기 때문이다. 실제로 한미가 한국 업체의 정의에 합의하자
곧바로 PAE Korea는 한국 업체 자격을 획득했고 WRM 용역 사업을
2016년과 2017년에 연이어 수주하였다.

   한국 업체의 정의가 PAE Korea를 봐주기 위한 것임은 '모회사'의 정
의에서도 드러난다. 한미가 합의한 '군수 비용 분담 이행합의서'(개정안)
를 보면 '한국 업체'는 "그 모회사를 포함하여, 한국 법인세법하에 있는
내국 법인을 의미"한다고 되어 있다. 즉, 모회사도 한국 내에서 설립된
법인이어야 한다. 그런데 이어서 '모회사'는 "다른 회사의 발행 주식 및
유통 주식의 총수의 100분의 50을 초과하는 지분을 보유한 업체로 정의
한다"라고 되어 있다. PAE사는 PAE Korea의 지분을 19% 소유하고 있
다. 따라서 시행 합의서상의 기준으로 PAE Korea는 모회사가 없는 회
사가 되기 때문에 모회사도 내국 법인이어야 한다는 합의서상의 규정의
적용을 빠져나갈 수 있게 되는 것이다. 또한, 합의서에는 '(한국 업체의)
국내적 지위가 회사 등기부등본 혹은 그를 대체하는 문서에 기재되어
있어야 한다'라고만 되어 있을 뿐 어디에도 '외국인 지분과 외국인 이사
각각 50% 미만'이라고 명시된 규정이 없다. 이에 대해 시민단체 '평화와
통일을 여는 사람들(평통사)'이 질의하자 국방부는 "'국내적 지위'에 대한
자세한 규정은 이행합의서에 명시되어 있지는 않지만 한미 간 합의 정

신에 따른 것으로 지켜져야 한다"라고 답변하였다. 1000억 원이 넘는 군수 지원비의 지출과 관련되는 정부 문서치고는 너무 허술하다고 하지 않을 수 없다.

굴욕적이었던 전쟁 예비 탄약 인수 협상

전쟁 예비 탄약WRSA은 미국이 전쟁에서 사용하기 위해 동맹국에 예비로 저장해둔 미국 소유의 탄약을 말한다. 베트남 전쟁이 끝난 이후 미국에는 수요 초과 및 도태 탄약이 엄청나게 쌓였다. 미국은 이들 탄약을 한국이나 태국 등 동맹국에 WRSA라는 이름을 붙여 저장하였다. 그러나 미국은 WRSA가 군사적 효용성도 없고 경제적으로 부담이 된다고 판단해 2000년 WRSA 프로그램 폐지 법안을 만들어 2002년부터 각국에 남아 있는 WRSA를 폐기하기 시작하였다.

한국에 저장된 WRSA-K는 2002년 당시 총 58만 톤으로 이 중 91%인 52만 톤이 저장 기간 20년을 넘은 고물 탄약이었다. 미국은 2003년 SCM에서 "(WRSA는) 더 이상 대북 억지력이 아니며 한국군 유지력과 전투력 복원 노력에 방해 요소"라고 말하면서 WRSA-K의 폐지를 주장하였다. 미국 의회가 2005년 WRSA-K 폐기법을 제정함에 따라 미 국방부는 WRSA를 한국이 인수하지 않는 이상 미국으로 철수시켜야 하였다. WRSA를 본토로 철수시키는 비용은 최소 6억 4000만 달러로 추산되었는데, 이를 감당할 수 없었던 미 국방부는 비용을 한국에 떠넘겼다. 2008년 한국은 WRSA 52만 5000톤 가운데 25만 9000톤을 2714억 원에 인수하기로 미국과 합의하였다. 한국이 인수하지 않은 탄약 26만 6000톤은 미국으로 철수하는 탄약 23만 4000톤, 폐기 처리 3만 2000톤으로 나뉘는데, 폐기 탄약의 경우 상당량이 한국 내에서 처리된다. 미국으로 철수하는 탄약은 다시 2018년까지 철수 유보키로 한 확산탄, 지뢰 등(9만 톤)과 2020년까지 철수하기로 한 탄약(14만 5000톤)으로 나뉜다. 한국 요청으로 철수가 유보된 탄약은 2019년부터 2024년 사이에 단계적으로 철수하기로 하였다.

WRSA 인수 협상은 여러 가지로 한국에게 불이익을 가져다주었다. 그중에는 WRSA를 국외로 반출할 경우 WRSA의 유지와 저장 및 수송을 위해 지출한 직접 비용(부두 취급비, 수송비, 저장·관리비, 정비비, 처리비 등으로 합쳐서 과거 지원비라고 함)을 미국이 보상하게 되어 있는데 한국 정부가 국외로 반출하기로 한 26만 6000톤 탄약의 35년(1974~2008년) 동안의 지원비 1조 3000억 원을 미국에게 받지 못했다.

2018년까지 철수가 유보된 미군 소유 확산탄이나 지뢰는 철수 때까지의 저장 관리비를 한국이 부담하는 것으로 협상했다. 철수가 유보된 9만 톤의 저장 비용은 매년 126억 원에 이른다. 겉으로는 한국의 요청으로 철수를 유보했다고 하지만 반인도적 무기로 국제적으로 논란을 빚고 있는 확산탄과 지뢰의 미국 반입을 최대한 늦추려는 미국의 의도도 있었다고 보인다. 2010년에 발효된 '확산탄 금지 협약Convention on Cluster Munitions'은 확산탄의 사용, 생산, 비축 및 이전을 금지하고 잔여분의 제거 및 비축분의 파기를 요구하고 있다. 한국은 이 국제 조약에 가입하지 않고 있다. 한국군은 자기 소유의 확산탄도 보유하고 있지만 미군 소유 확산탄도 저장 및 관리하고 있기 때문에 확산탄 금지 협약에 가입하기 위해서는 먼저 미국과 합의를 해야 한다. 미군 소유 확산탄 저장이 한국의 확산탄 금지 협약 가입을 막는 족쇄로 작용하고 있는 셈이다.

· 제 4 장 ·

방위비분담금 주요 쟁점

1. 한국의 안보 무임승차? 실제 분담률은 무려 77.2%!

트럼프Donald Trump 대통령은 후보 시절 '미국 우선주의America First'라는 이름의 대외 정책을 밝힌 연설(2016.4.27)에서 "동맹국들은 공평한 몫을 지불하지 않고 있다allies are not paying their fair share"라고 주장하면서 동맹국들이 방위비분담금을 인상하지 않으면 미군을 철수시킬 수도 있다고 위협하였다. 트럼프는 한국의 방위비분담금 8억 6100만 달러가 "우리가 부담하는 비용에 비하면 푼돈peanut에 불과하다"(2015.10.12)면서 깎아 내린 적도 있다.

'공평한 분담'이란?

미국은 무엇을 기준으로 한국이 '공평한 분담'을 하지 않는다고 주장할까? 그것은 바로 주한미군의 비인적주둔비에 대한 한국의 분담률이다. 여기서 비인적주둔비Non-Personnel Stationing Cost란 미군과 군무원의 인건비를 제외하고 미군이 현지 주둔국에서 지출하는 운영 유지비를 뜻한다. 그렇다면 비인적주둔비 분담률이라는 것이 비용 분담의 공평성을 측정하는 잣대가 될 수 있을까?

한미 소파 제5조 제1항에 따르면 시설과 구역을 제외한 모든 미군유지비를 부담해야 할 책임은 미국에 있다. 따라서 한미 소파상 한국이 부담할 의무가 없는 주한미군의 비인적주둔비를 얼마가 됐든 한국에게 분담하라고 요구하는 것은 미국 자신의 책임을 한국에 떠넘기는 것이며 불공평한 것이다. 여기에 더해서 비인적주둔비 분담률이 애초에 공평한 분담의 기준이 될 수 없지만 설사 그것을 기준으로 받아들인다 해도 과연 분담률이 얼마여야 공평한 분담인지, 또 그 분담률은 어떻게 계산해야 하는 것인지 판단하는 것도 문제가 된다.

비인적주둔비 분담률 계산 방식

미 국방부가 2004년에 발표한 「동맹국 공동 방위 부담 통계 해설집 Statistical Compendium on Allied Contributions to the Common Defense」은 동맹국의 미군 주둔비 지원에 직간접 지원을 모두 포함하고 있다. 이 보고서에 의하면 직접 지원은 미군이 고용한 현지 노동자의 인건비 지급이나 개인 사유지 및 시설에 대한 임대료 보상 등과 같이 동맹국의 국방 예산에서 직접 지출된 지원을 뜻한다. 간접 지원은 정부 소유 부지에 대한 임대료 평가나 각종 세금 및 요금의 면제 등을 뜻한다.

위 보고서의 정의를 따르면 한국의 분담률은 "한국의 직간접 지원액 ÷(미국의 비인적비용 지출액+한국의 직간접 지원액)×100"으로 계산해야 한다. 그런데 미국은 2013년 9차 방위비분담 특별협정 협상 당시 주한미군 비인적주둔비 분담률을 계산하면서 위 보고서의 정의를 따르지 않았다. 미국은 2010년 기준 "7904억 원(방위비분담금)÷1조 6845억 원(방위비분담금+미국이 부담하는 주한미군 비인적운영비 8941억 원)×100=46.9%"와 같이 계산함으로써 한국의 분담률이 50%가 안 된다는 주장을 한 것이다. 시민단체인 '평화와 통일을 여는 사람들(평통사)'은 미국 정부의 계산 방식에 이의를 제기하였다. 미국 정부는 한국의 주한미군 주둔 경비 지원액에 간접 지원은 포함시키지 않았고 직접 지원 중에서도 방위비분담금만 포함시키고 나머지 직접 지원액(카투사 운영비, 민간인 소유 부동산 매입 비용, 미군 기지 이전 비용 등)은 제외하는 등 한국의 경비 지원 액을 지나치게 축소했다고 문제를 제기한 것이다. 평통사는 주한미군 에 대한 한국의 직간접 지원 총액(한국 국방부 집계)을 기준으로 한국의 비인적주둔비 분담률을 계산하였다. 2010년 기준으로 한국 국방부가 집계한 지원액은 방위비분담금 7904억 원을 포함해 1조 6749억 원이 다. 2010년에 미국 정부 예산에서 지출된 주한미군의 비인적주둔비는 8941억 원이다. 이 수치에 따라서 계산하면 한국의 분담률은 "1조 6749 억 원(한국 부담)÷2조 5690억 원(한미 부담 합계)×100=65.1%"다. 이미 한 국의 분담률이 2010년에 50%를 훨씬 넘고 있는 것이다.

언론은 평통사의 계산을 근거로 한국의 비인적주둔비 분담률이 2010 년 기준 65.1%에 이른다는 것을 보도했다. 이로써 한국이 불공정한 부 담을 하고 있다는 미국의 주장이 정면 반박되었다. 주한미군의 비인적 주둔비의 50%를 한국이 분담해야 한다는 주장은 미국이 방위비분담금 대폭 증액을 이끌어내기 위해 사용해온 주요한 논리인데 이를 평통사가 일거에 무너뜨린 것이다. 이에 대해 국방부의 방위비분담 담당자는 평 통사와의 전화 통화에서 "방위비분담금 20년 역사에서 가장 획기적인 사건"이라며 큰 의미를 부여했다.

위 계산(65.1%)은 국방부의 직간접 지원 합계 1조 6749억 원을 기준으 로 한 것이다. 그런데 국방부 기준에는 미군 기지 이전 비용이 빠져 있 다. 미군 탄약 저장 관리 비용의 경우 일부만 포함되어 있고 탄약고 부 지나 시설비와 같은 간접비나 부대 운영비 등이 빠져 있다. 토지 임대료 도 공시지가의 5%(전용 공여지) 및 2.5%(전용 공여지 외)를 적용하여 산출

그림 4-1 계산 방식에 따른 주한미군의 비인적주둔비 분담률

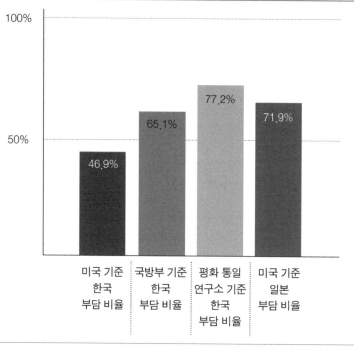

자료: .
① 미국 기준 한국 부담 비율은 방위비분담금만 포함. ② 국방부 기준 한국 부담 비율은 직간접 비용 포함하나 미군 기지 이전 비용, 미군 탄약 저장 관리 비용 누락. 토지 임대료 저평가. ③ 평화·통일연구소 기준 한국 부담 비율은 미군 기지 이전 비용, 미군 탄약 저장 관리 비용 포함. 토지 임대료 정상 평가. ④ 미국 기준 일본 부담 비율은 방위비분담금, 미군 기지 이전 비용, 토지 임대료 등 모두 포함.

한 저평가된 것이다. 토지임대료 저평가 부분 5648억 원(국방부 과거 기준대로 전용 공여지는 공시지가의 10%, 기타 공여지는 5%를 적용하여 계산한 것과의 차액), 2010년 미군 기지 이전 비용 6967억 원, 미군 탄약 저장 관리비 973억 원(부대 운영비는 제외, 누락된 간접 비용은 합산)을 합쳐서 다시 계산하면 분담률은 77.2%에 달한다.

일본보다 한국 분담률이 더 높다

한국의 분담 비율에 대한 미국의 태도는 일본의 경우에 비춰 봐도 불공정하다. 미국은 일본의 경우 방위비분담금 외에도 부동산 임대료 평가액이나 미군 기지 이전 비용 등을 인정한다.

2016년 기준으로 일본의 주일미군 비인적주둔비 분담률을 계산해보면, 방위비분담금 1920억 엔, 미일 소파에 따른 비용 부담액(기지 주변 대책비 등) 1852억 엔, 일본 미군 기지 국유지 임대료 면제 1658억 엔, 기타(기지교부금 등) 404억 엔 등을 합쳐 7541억 엔(69억 달러)이다.

미국 정부가 자기 예산에서 지출하는 주일미군의 비인적주둔비는 약 27억 달러다. 이를 같은 방식으로 계산해보면 일본의 분담률은 71.9%다. 한국의 분담률 77.2%는 일본의 분담률보다 더 높다. 즉, 주둔 미군에 대해 한국이 일본보다 더 부담을 지고 있다고 말할 수 있다.

미군의 비인적주둔비 분담률은 애초에 불공정한 개념이다. 그런데 그것을 계산하는 방식조차도 미국 제멋대로다. 한마디로 주한미군 비인적주둔비 분담은 미국이 한국의 방위비분담금 인상을 강제하기 위해 임의적으로 적용하는 불공정한 개념이라 할 수 있다.

고무줄 잣대, 주한미군 주둔비 분담률

미국 국방부는 자국 의원들을 향해 자신들이 무능하지 않다는 증거로, 또한 실제로 한국의 분담률이 높은 것이 사실이기 때문에 한국이 동맹국 중 최고로 많은 주둔비를 분담한다고 자랑했다. 1993년 4월 레스

표 4-1 한국과 일본의 미군 주둔 분담율 비교(1993년)　　　　　　　　(단위: 억 달러)

	주한미군(한국 계산)	주한미군(미국 계산)	주일미군(미국 계산)
총 주둔 비용(A)	44.19	23.59	94.63
미군 및 군무원 인건비(B)	14.86	14.86	21.7
현지 발생 비용(C, B-A)	29.33	8.73	72.93
각국 분담액(X)	24.14	2.2	50.47
분담율(X÷C×100)	82.3	25	69.2

자료: 대한민국 국방부, 「주한미군을 위한 한국 정부의 방위비분담」(1994).
총 주둔 비용은 국방부가 추산한 자료임.

애스핀 당시 미 국방장관은 "한국의 주한미군 방위비분담률이 1991년 73%에서 1993년 78%로 늘어났다"면서 "한국은 매우 잘 하고 있다"라고 만족감을 표시했다. 그런데 정작 미국은 1993년에 진행된 2차 방위비분담 특별협정 협상에서는 의회 증언이 언제 있었냐는 식으로 태도가 돌변하였다. 미국은 한국의 현지 발생 비용(비인적주둔비와 비슷한 개념으로 볼 수 있음) 기준으로 분담률이 25%밖에 되지 않는다고 주장하면서 33% 수준까지 올릴 것을 요구했다. 25%는 미국이 방위비분담금만을 인정하고 계산한 결과다. 이에 대해서 한국 정부는 일본과 같이 방위비분담금 이외의 직간접 지원을 포함할 경우 1993년 분담율은 25%가 아니라 82.3%라고 맞섰다. 「동맹국 공동 방위 부담 통계 해설집」에서는 직접 비용뿐 아니라 토지 임대료 평가나 세금 면제와 같은 간접 비용도 방위비분담에 포함시키고 있다. 한국 정부가 직접 및 간접 지원을 합해서 주한미군 주둔비 분담률을 계산한 것은 미국 국방부의 기준에 따른 것으로 한국이 임의로 계산한 것이 아니다. 그럼에도 불구하고 미국은 이를 인정하지 않았다. 심지어 미국은 3분의 1에 해당하는 비용을 부담할 것을 한국 정부에 요구하면서도 그 기준이 되는 미군의 총 주둔 비용이 얼마인지 한국 정부에 알려주지도 않는 고압적 태도를 취했다. 결국 한국은 2차 방위비분담 특별협정 협상에서 미국의 고압적인 태도에 밀려 분담률이 82.3%라는 애초의 주장을 접고 대신 '점진적으로 원화 비용(비인적주둔비)의 3분의 1 수준까지 증액한다'는 데 합의하고 말았다.

깊이 읽기

세계 최고 수준인 한국인의 국방 부담

2015년 기준 GDP 대비 국방비 비중은 미국 3.3%, 한국 2.6%다. 한국의 GDP 대비 국방비 비중이 미국에 비해 적다고 해서 한국이 국방비를 아끼고 있다거나 무임승차 하고 있다고 할 수 있을까?

국가 인력 자원 가운데 군대에 투입된 인력이 어느 정도인지(일반적으로 국민 1000명당 현역 군인 비율을 살핌)를 보면 나라별 국방의 부담을 비교할 수 있다. 2012년 기준으로 1000명의 국민 가운데 한국은 13.1명이 군인인 반면, 미국은 4.7명이 군인이다. 한국 국민은 미국보다 무려 3배 가까운 병역의 짐을 지고 있는 셈이다.

한국의 병역 부담은 영국(3.5명), 프랑스(5.5명), 독일(1.8명)과 비교할 때 훨씬 크다. 자신보다 7.9배나 많은 중국 병력을 상대하는 대만도 인구 1000명당 현역 군인 비율이 12.5명으로 한국보다 수치가 낮다. 국민 1인당 국방비 지출로 보더라도 한국 인의 국방비 부담은 세계 최고 수준에 속한다. 국민 1인당 국방비 부담에 있어서 2015년 기준으로 한국은 681달러다. 반면에 인도는 38달러, 터키 105달러, 중국 106달러, 일본 323달러, 러시아 362달러, 대만 438달러, 독일 454달러, 스웨덴 537달러 등 대부분의 국가들이 한국보다 부담이 적다.

한국의 지출은 세계적 군사 강국인 프랑스 702달러와 비슷하고 영국 878달러보다 조금 적은 편이다. 그러나 영국이나 프랑스가 모병제인 반면 한국이 징병제라는 점을 감안하면 우리 국민의 국방비 부담은 실제로는 프랑스나 영국보다 더 크다고 볼 수 있다.

한국의 국방비 부담률은 OECD 국가들 가운데 최고 수준이다. 『OECD 팩트북 Factbook 2015~2016』에 따르면 정부 지출 대비 국방비 비율에 있어 2013년 기준으로 한국은 12.5%로 OECD 28개국 평균 9.8%보다 높다.

한국보다 이 비율이 높은 나라는 미국(19.2%)과 이스라엘(16.7%)뿐이다. 나머지 나라는 모두 한국보다 국방비 부담률이 낮다. 반면 GDP 대비 사회적 지출(저소득층이나 노인, 장애인, 실업자 등에 대한 지원)의 경우 2014년 기준으로 한국은 10.4%로 OECD 평균 21.6%의 절반이 안 되며 28개국 가운데 꼴찌다. 한국의 복지 후진성은 여러 가지 요인이 복합된 결과지만, 높은 국방비 부담도 아주 중요한 원인 중 하나다.

2. 방위비분담금은 정말 '방위'에 쓰이나?

미군 기지 이전에 쓰이는 방위비분담금

주한미군 기지 이전 사업 비용에 대한 한국과 미국의 비용 분담 내역은 YRP와 LPP 협정에 각각 규정되어 있다. 방위비분담 특별협정은 이 두 협정과는 별개다. 즉, 방위비분담금은 미군 기지 이전 사업과는 무관하다. 그런데 미국은 방위비분담금의 군사 건설비를 미 2사단 이전 비용에 쓰고 있다. 미군 기지 이전비로 쓰기 위해 미국이 2002년부터 2008년 사이에 군사 건설비에서 사용하지 않고 축적한 현금만 1조 1193억 원이었다. 이처럼 미국이 방위비분담금을 미군 기지 이전 비용에 전용하는 것은 합법일까?

미군 해외 재배치 전략에 불법적으로 쓰이는 방위비분담금

방위비분담금을 미군 기지 이전비로 쓰는 것은 LPP 협정 위반이다. LPP 개정 협정은 미 2사단 기지를 한강 이남으로 이전하는 계획이다. 이 협정은 기지 이전 요구자 원칙에 따라 기지 폐쇄 대상 31곳 중 미국이 이전을 요구한 22곳은 이전비를 미국이 부담하고 한국이 이전을 요구한 9곳은 한국이 이전비를 부담하게 되어 있다. 따라서 미국이 자신이 부담해야 할 기지의 이전에 방위비분담금을 쓰면 우리 국민이 부담을 지는 것이 되므로 LPP 협정 위반이다.

방위비분담금의 미군 기지 이전비 전용은 또한 "각 중앙 관서의 장은 세출 예산이 정한 목적 외에 경비를 사용할 수 없다"라고 규정한 '국가재정법' 제45조의 위반이다. '예산의 목적 외 사용 금지'는 국회가 심의 확정한 예산서에서 정한대로 예산을 사용해야 하고 세출 예산에서 계획하지 않는 사업을 임의로 수행하는 것은 금지하는 규정이다. '방위비분담금 군사 시설 개선' 예산과 '주한미군 기지 이전 사업' 예산은 각각 '일반 회계'와 '특별 회계'에 편성되어 있어 항목 자체가 다르다.

또한 군사 시설 개선을 위한 군사 건설 예산과 미군 기지 이전 사업은 사업 목적, 대상, 사업 선정 방식, 자금 충당 방식이 서로 다르다. 군사 시설 개선은 미군 기지 이전 사업이 있기 훨씬 전부터 수행되던 사업이며 기존 미군 기지 내의 군사 건설 소요를 위한 사업이고 한국과 미국이 사전에 협의하여 사업을 선정하고 예산 집행도 한국의 통제를 받는다. 반면 주한미군 기지 이전 사업은 해외 주둔 미군 재배치 전략Global Defense Posture Review에 따른 주한미군의 임무와 기능의 재조정을 위한 것이다. 또 미군 기지 이전은 그 비용 분담이 방위비분담금과는 다른 별도의 협정에 정해져 있으며 한국과 미국이 각각 부담할 부분이 명확히 구분되어 있다.

방위비분담금을 LPP 사업에 쓰는 것은 국회에서 심의 확정된 예산을 그대로 집행하지 않은 것이며 '국가재정법'의 목적 외 사용 금지 규정 위반이기 때문에, 국회도 2007년 3월 7차 특별협정 비준 동의 당시 "방위비분담 협정과 LPP 협정이 별개임에도 불구하고 방위비분담금을 기지 이전비에 전용하는 것은 불합리"하다고 지적함으로써 방위비분담금의 기지 이전비 전용이 사실상 불법이나 다름없다고 판단했다.

정부는 방위비분담금의 전용이 한국이 미국에 양해해준 사항이라 불법이 아니라고 주장한다. 하지만 정부의 '양해'라는 것은 아무런 법적 근거가 없다. 2009년 8차 방위비분담 특별협정 비준 동의안을 심사하는 국회 외통위에서 정부는 "2001년 2월 1일 국가 안전 보장 회의NSC 제132차 상임위원회에서 그 같은 전용 내용을 회의록에 남겼다"라고 답변하였다. 하지만 NSC 회의록이란 내부 회의 기록일 뿐이고 그 내용도 전용을 허용한 것이 아니다. 위의 답변이 있기 하루 전 정부는 "한미 국방당국 간에 이 문제(방위비분담금 전용)에 대해서 합의된 것이 있을 것 아닙니까?"라는 송민순 의원의 국회 외통위에서의 질의에 대해 "2005년 초에 방위비분담 협상을 하면서…… 실무에서 검토한 부분은 있습니다. 그런데 그것을 한미 간에 공식적으로 권위 있게 합의했다 이렇게 볼 수 있는 문건은 없습니다"라고 실토한 바 있다. 『알기 쉬운 조약 업무』에 따르면, 조약이란 "국제법 주체 간에 권리·의무관계를 창출하기 위하여 서면형식으로 체결되며 국제법에 의하여 규율되는 합의"를 말한다(외교통상부, 2006).

방위비분담금의 미군 기지 이전비 사용 양해는 이를 확인하는 공식적인 합의문 자체가 없고 조약 체결권이 없는 '실무진'의 검토에 불과하다는 점에서 아무런 국제법적 구속력을 갖지 못하는 불법 행위에 속한다.

미군 기지 이전 비용의 90% 이상을 한국이 부담

주한미군 기지 이전 비용을 한미가 절반씩 부담한다는 한국의 주장과 달리 주한미군 측은 한국이 미군 기지 이전 비용의 90% 이상을 부담한다는 입장을 미 의회에 일관되게 증언하고 있다. 2005년 3월 라포트 당시 주한미군 사령관은 미 하원 세출위원회에서 "주한미군을 이전하는 데 80억 달러(건설비)가 들 것으로 계획되어 있다"라고 하면서 "미국의 군사 건설 예산이 주한미군의 이전 비용 전체 액수의 6%(4억 8000만 달러)에 불과하지만 한국은 이 자금을 한미동맹에 대한 미국 공약의 주요한 증거로 여긴다"라고 증언하였다. 2016년 3월 브룩스 주한미군 사령관은 미 상원 군사위 인준 청문회에서 "한국이 평택 미군 기지 이전비(건설비) 108억 달러의 92%를 부담하고 있다"라고 증언하였다.

표 4-2 평택 기지 총 사업비 16조 원 분담 내역   (단위: 원)

	건설 공사비	간접 지원비	가족 주택	총계
한국 부담	5조 341억	3조 8329억	없음	8조 8670억
미국 부담	4조 8000억	없음	2조 3000억	7조 1000억
미국 비용 충당 방안	방위비분담금 2조 6000억	없음	한국 정부 보증 임대주택(BTL)	방위비부담금 추가 지원

자료: ≪내일신문≫ 2011년 10월 5일 자.

위키리크스Wikileaks가 폭로한 주한 미 대사관의 2007년 4월 2일 자 비밀 전문 중에는, 버시바우 전 주한 미 대사가 "한국의 계산 방식은 방위비분담금 전용분과 미군 주택 민자 투자 부분을 포함하지 않기 때문이다. 한국과 미국 정부 사이에는 방위비분담금을 주한미군 재배치 건설 계획에 쓴다는 양해가 있었다. 그런데 한국 정부가 이를 아직 국회와 대중에게 알리지 않고 있다. 한국의 실제 분담률은 93%가 될 것이다"라는 내용이 있다.

2010년 PMC의 발표에 의하면 평택 미군 기지 건설비는 약 12조 원이다. 이 중 한국이 5조 341억 원, 미국이 7조 1000억 원을 부담하는 것으로 되어 있다. 그런데 주한미군은 미국의 부담이 미군 기지 건설비의 10% 미만일 것이라고 말하고 있다. 즉, 미국 국방 예산에서 지출되는 평택 미군 기지 건설 비용은 많아야 1조 원 정도라는 말이다.

그렇다면 나머지 6조 원은 한국이 지급하는 방위비분담금에서 지출한다는 이야기가 되는데, 주한미군의 방위비분담금 축적액, 이자, 감액분, 불용액을 합산하면 5조 4180억 원이다. 여기에 미군 가족 임대주택 사업HHOP을 위해 한국 민간 건설 업자의 투자금private industry-financed build-to-lease investment 2조 3000억 원이 투입되는데(한국 정부가 45년 보증), 민간 투자금으로 지어진 미군 가족 주택이니만큼 그 집세는 당연히 주한미군이 지불해야 하고 YRP에도 그렇게 규정되어 있지만, 주한미군이 집세를 방위비분담금으로 지불할 가능성을 배제할 수 없다. 그 경우 한국 민간 업자 투자금은 결국 한국 국민의 부담이 된다. 그렇게 되면 미국의 몫 7조 1000억 원은 명목상으로만 미국 부담이고 실제로는 몽땅 한국이 떠맡는 꼴이 된다.

주한미군의 이자 놀이

미국이 미군 기지 이전비로 쓰기 위해 **빼돌린** 방위비분담금을 투자해 이자 수익을 올렸다는 의혹은 2007년 처음 언론에 보도됐다. 그러나 한미 당국은 줄곧 이를 부인하였다. 평통사는 국가를 상대로 방위비분담금과 관련한 손해배상 청구 소송을 제기하였다. 재판 과정에서 평통사는 뱅크오브아메리카BoA로부터 금융 거래 내역을 입수하였으며 이로부터 방위비분담금 이자 소득이 2006년부터 2007년 사이에만 566억 원에 이른다는 사실을 알게 되었다. 이러한 사실을 ≪한겨레≫가 2013년 11월 19일에 보도하자 정부는 더 이상 방위비분담금 이자 발생 문제를 덮을 수 없게 되었다. 정부는 9차 방위비분담 특별협정 비준 동의안 심사를 앞둔 2014년 1월 결국 이자 발생 사실을 시인하였다.

이자 수취는 방위비분담금의 공적 목적을 벗어난 사사로운 영업 행위이자 우리 국민의 혈세를 이용한 투기 행위에 해당된다. 이는 한미 소파 제7조의 "합중국 군대의 구성원은 …… 한국법을 존중하여야 하고 또한 본 협정의 정신에 위배되는 어떠한 활동, 특히 정치적 활동을 하지 아니하는 의무를 진다"는 규정을 어긴 것이다. 『한미 행정협정 해설서』는 위 한미 소파 규정이 "주둔 미군 자체 및 그 구성원, 군무원과 그 가족은 한국 내에서의 영리 행위가 금지된다. 미국 국가 자체의 영리 행위가 금지됨은 물론이다"라고 명확히 밝히고 있다(대한민국 육군본부, 1988).

주한미군이 한국 정부가 제공한 공적 자금으로 돈놀이를 한 것은 국가 간 최소한의 신뢰 관계마저 저버린 것이다. 미국 군대라 하더라도 한국 내 원천에서 발생한 소득에 대해서는 과세를 면제하지 않으므로(한미 소파 제14조) 주한미군은 탈세까지 한 셈이다.

이자 발생을 인정하고도 사과 없는 미국

방위비분담금에서 이자가 발생했다는 의혹이 처음 제기된 것은 2007년이므로 한미 당국은 무려 7년 동안이나 우리 국민을 속여 온 것이다. 그런데 한미 당국은 국민을 속인 행위 및 이자 놀이의 불법성에 대해서 한마디 사과도 없었다. 이자 발생을 시인한 뒤에도 한미 당국의 거짓말 행보는 계속됐다. 이자 소득의 귀속처와 탈세 문제가 제기되자 미국은 이자가 미국 정부로 들어온 것은 아니라고 발뺌하였다. 조태열 외교부 차관은 2014년 2월 국회 외통위에서 "미 측으로부터 이자가 발생하지 않는 계정이기는 하지만 커머셜 뱅크이므로 거기에서 생기는 이자가 있다는 답을 얻었고, 그러나 미국 정부에 그것이 귀속되지 않는 이자이기 때문에 이자 문제에 대해서는 우리 과세 당국하고 커뮤니티 뱅크가 해결해야 할 문제라는 미 측의 입장을 받아냈습니다"라고 발언했다.

미 국방부 소속 기관으로 드러난 커뮤니티 뱅크

국회가 9차 특별협정 비준 동의 심사 당시 탈세 등 이자 소득 문제를 추궁하자 조태용 차관은 2014년 6월 7일 "커뮤니티 뱅크의 법적 지위를 확인해 민간 상업은행이면 과세 등 조치를 취하고 미 정부 기관이면 차기 협상 시 총액 규모 등에 반영"하겠다고 국회에 보고하였다. 정부는 커뮤니티 뱅크의 법적 지위를 묻는 서면 질의를 미 국방부에 보냈다. 미 국방부는 "커뮤니티 뱅크CB는 '미 국방부 소유의 은행 프로그램DoD owned banking program이고 BoA는 초청 계약자"임을 확인하는 내용의 서면 답변을 2015년 9월 한국 정부에 보냈다. 이로써 CB가 미 국방부 소속 기관임이 공식 확인되었다. 즉, 커뮤니티 뱅크가 민간 상업은행이라는 그간 미국의 주장이 거짓으로 드러난 것이다. 하지만 미 국방부는 답변서에서 "CB의 전체 투자 가능 잔고에서 발생하여 방위비분담금 계좌에서 기인한 이자 수익만을 산정하기는 불가능"하다느니 "CB의 운영비로 써버렸다"는 식의 변명을 늘어놓았다. 이는 이자의 국고 환수와 세금 추징 요구에 대해 미리 방어막을 치려는 것이었다. CB의 운영비로 썼다는 미국의 주장은 그것이 설사 사실이라 하더라도 불법으로 취득한 이자 소득에 대한 미 국방부의 법적, 조직적 책임을 면제해주지 않는다. 한국 정부는 "이자 수익의 정확한 규모 산정 불가 감안 시, 차기 협상에서 방위비분담금 총액에 합리적으로 반영하는 방안 검토가 필요"하다는 입장이다. 하지만 이자 규모를 모르는 상태에서 이를 방위비분담금 총액에 반영할 수 없는 노릇이기 때문에 사실상 한국 정부의 입장은 더 이상 이자 문제를 제기하지 않겠다는 주장이나 다름없다.

방위비분담금에서 발생한 이자가 얼마인지 계산할 수 없고 이미 써

표 4-3 주한미군 시중 은행 기준일 자 예치 금액과 이자 수익

	2010.7.13.	2012.11.13.	2014.4.8.
예치 금액(원)	1조 3730억	1조 850억	7650억
이자율(%)	2.02~2.97	2.70~3.29	2.50~2.63
이자 수익(원)	101억 9132만 6628	82억 400만 8208	44억 4249만 3143
예치 시중 은행 수	8	5	

자료: ≪시사저널≫ 2016년 5월 18일 자.
참고로 2014년 예치금에는 2014년에 지급된 방위비분담금 9200억 관련 사항은 포함되지 않았음.

버려 남아 있지 않다는 미 국방부의 주장은 사실이 아니다.

미 국방부의 이자 놀이 실상

미국은 2002년부터 2008년 사이에 1조 1119억 원의 현금을 축적하였다. BoA 서울 지점과 CB의 금융 거래 자료(평통사가 2009년 국가 상대 손해 배상 청구 소송 과정에서 입수)에 의하면 2006~2007년에 미국은 축적된 방위비분담금에서 566억 원의 이자 소득을 얻었다. 이 자료를 근거로 추정하면 방위비분담금을 축적하기 시작한 2002년부터 2013년까지의 이자 소득은 최소 3000억 원 이상에 이를 것으로 추정된다. ≪시사저널≫의 2016년 보도에 의하면, 2014년 4월 기준으로도 미국은 방위비분담금을 운용해 이자 수익을 올리고 있으며 그 규모가 매년 100억 원에 이른다. 보도에 따르면, 2010년 기준으로 모두 8곳의 시중 은행에 4개월 미만 단기 정기 예금TD과 양도성 예금CD에 모두 1조 3730억 원을 예치, 이자 수익이 102억 원에 달했다. 2012년 5곳의 은행에 1조 850

억 원을 예치해 82억 원, 2014년 7650억 원 예치로 이자 수익 44억 원을 챙겼다는 것이다.

3. 재정 주권 침해

'국가재정법' 제3조는 '회계연도 독립의 원칙'을 규정하고 있다. 이 원칙은 해당 연도에 지출해야 할 경비의 재원은 그 해의 세입에 의해 조달되어야 하고, 그 해에 지출되어야 할 경비가 다른 연도에 지출되어서는 안 된다는 원칙이다. 만약 정부 예산이 남는다면, 이는 예산이 주먹구구식으로 편성된 것으로 불필요하게 국민에게 부담을 주는 것이자 귀중한 국민 혈세를 필요한 데 쓰지 못하는 결과를 가져온다. 이를 방지하기 위해 '국가재정법'은 엄격한 예산 편성 및 집행 원칙을 정해두고 있다. 또 국회는 예·결산 심사를 통해 재정 건전성과 투명성, 국민 부담의 경감 등의 원칙을 행정부가 지키도록 감시·견제한다. 그러나 방위비분담금 집행 과정은 '국가재정법'을 수시로 위반하고 국회의 예·결산 심사를 무시하기 일쑤다. 한마디로, 방위비분담금은 우리의 재정 주권을 침해하고 있다.

'국가재정법' 위반

허위 결산 보고

2002년부터 2008년 사이 방위비분담금 중 군사 건설비 예산은 연평

표 4-4 **군사 건설비 결산 현황** (단위: 억 원)

연도	예산액	이월액(전)	전용	집행액	이월액	불용액
2005	2,168	9	167	2,318	26	0.2
2006	2,494	26	81	2,494	47	60
2007	2,598	47	226	2,699	151	22
2008	2,655	151	-13	2,750	41	1.5

자료: 대한민국 국방부 「국방 예산 사업 설명서」의 해당 연도 자료를 바탕으로 박기학 작성.

균 2247억 원이었지만, 주한미군이 이 가운데 실제로 집행한 것은 연평균 247억 원(28.8%)에 불과하다. 나머지는 쓰지 않고 미 군사은행 CB에 예금해놓았다. 그런데 2005년부터 2008년까지 매년 군사 건설 예산이 100% 이상 집행된 것으로 보고됐다. 가령 2005년도 국방부 결산 보고서를 보면 군사 건설비는 전년도 이월액 9억 원을 합쳐 100% 넘게 집행된 것으로 기재되어 있으며, 군사 건설비 가운데 집행되지 않고 남은 예산은 '다음 연도 이월액' 26억 원과 '불용액' 2000만 원을 합쳐 26억 2000만 원에 불과하다. 이는 명백한 허위 결산 보고다. 왜냐하면 2005년 군사 건설비 예산액 중 대략 1540억 원 정도가 집행되지 않고 축적되었기 때문이다.

　이러한 허위 결산 보고는 '국가재정법' 제56조의 "결산이 '국가회계법'에 따라 재정에 관한 유용하고 적정한 정보를 제공할 수 있도록 객관적인 자료와 증거에 따라 공정하게 이루어지게 하여야 한다"라는 결산 원칙을 위배한 것이다. 그리고 결산 심사 결과 위법한 사항에 대해서는 시정을 요구하게 되어 있는 국회 결산 심의권에 대한 침해다. '국회법' 제84조 제2항 예산안·결산의 회부 및 심사는 "결산의 심사 결과 위법 또는 부당한 사항이 있는 때에는 국회는 본회의 의결 후 정부 또는 해당 기관에 변상 및 징계 조치 등 그 시정을 요구하고, 정부 또는 해당 기관은 시정 요구를 받은 사항을 지체 없이 처리하여 그 결과를 국회에 보고하여야 한다"라고 규정하고 있다.

'국가재정법'까지 위반하며 미국에 지급 중인 이월액, 감액, 불용액

이월액은 적게는 2015년 384억 원(군사 건설비가 341억 원), 많게는 2012년 2596억 원(군사 건설비 2184억 원)에 이른다. 대부분 군사 건설비에서 발생했다. 국방부의 각 연도 「국방 예산 사업 설명서」를 보면 이월의 원인으로 '미국 측의 설계도서 제출 지연'이나 '미국 측의 사업 선정 지연' 등이 반복적으로 지적받고 있다. 심지어 2014년도 군사 건설 사업 계획은 2015년도 예산이 국회에서 심의 중인 2014년 9월까지 미정 상태였다. 군사 건설비를 미군 기지 이전비로 전용하기 위해 당장 사업 계획이 없는데도 군사 건설비 예산을 무리해서 편성한 결과라 할 수 있다. '국가재정법'은 예산의 이월을 금지(제48조 제1항)하며, 미리 예상된 명시 이월(성질상 해당 연도에 모두 지출할 수 없을 때 국회 승인을 받아 그다음 해에 지출)과 불가피한 사유의 사고 이월(불가피한 사유로 지출하지 못했거나 지출 원인 행위가 없었던 부대 경비에 한정해서 이월 허용) 등에 대해서만 예외를 인정하고 이월을 허용한다. 그러나 '미국 측의 설계도서 제출 지연'이나 '사업 선정 지연'에 의한 이월은 명시 이월이나 사고 이월의 범주에도 들지 않는 '국가재정법' 위반 행위다.

표 4-5 연도별 이월액, 감액, 불용액 현황 (단위: 억 원)

	2010	2011	2012	2013	2014	2015
이월액	1,976	2,010	2,596	1,890	616	384
감액	0	800	900	1,335	1,203	872
불용액	6	8	479	60	86	109

자료: 대한민국 국방부 「국방 예산 사업 설명서」의 해당 연도 자료를 바탕으로 박기학 작성.

'감액'은 방위비분담 특별협정을 통해 정한 방위비분담금 액수보다 줄여서 예산을 편성함으로써 발생한다. 국회가 대규모 미집행액 발생이 되풀이되는 것을 비판하자 정부는 미국과 협의하여 2011년부터 협정 금액보다 예산을 줄여서 편성하고 있다. 그 누적액이 2016년까지 5104억 원이다. 그런데 감액 편성을 해도 미집행액은 계속 발생하고 있다. 이는 미집행액이 단순히 집행상의 문제가 아니라 애초에 방위비분담금 자체가 과도하게 정해졌기 때문에 생기는 것임을 입증한다.

정부나 국회는 감액분을 추후에 미국에 지불할 돈으로 여긴다. 그러나 감액 편성은 '국가재정법'의 회계연도 독립 원칙(제3조)에 위배된다. 그리고 '방위비분담 특별협정'은 유효 기간이 한정되어 있어 감액분은 유효 기간이 지난 뒤에 지불하게 되는데, 그 경우 감액분을 지급할 근거가 되는 해당 특별협정이 이미 존재하지 않으므로 지급 행위는 불법이 된다.

불용액도 매년 발생하고 있다. 2005년부터 2015년까지 불용액은 합계 1416억 원에 이른다. '불용'이란 예산을 정상적으로 집행하고 남은

표 4-6 **연도별 방위비분담금 미집행액** (단위: 억 원)

	2010	2011	2012	2013	2014	2015
협정 금액	7,904	8,125	8,361	8,695	9,200	9,320
미집행액	1,982	2,818	3,975	3,285	1,905	1,365

자료: 대한민국 국방부 「국방 예산 사업 설명서」의 해당 연도 자료를 바탕으로 박기학 작성.
미집행액=감액(협정액-예산액)+다음 해 이월액+불용액.

돈이나 다시 이월된 돈을 가리킨다. 정부는 불용액도 미국이 추후 요청하면 다시 지급해야 할 돈이라는 입장이다. 그러나 방위비분담금의 소유권은 한국에 있고 '국가재정법'의 적용 대상이므로 불용액은 한국으로 귀속되어야 한다. 또한 '감액'과 마찬가지로 방위비분담 특별협정은 그 유효 기간이 각각 정해져 있는바, 유효 기간 이후에는 불용액을 미국에 지급할 의무가 없다.

과도한 지급이 문제

미집행액은 2005년부터 2015년까지 적게는 1365억 원, 많게는 3975억 원에 이른다. 협정액 대비 미집행율은 가장 적었던 2014년 14.6%, 가장 컸던 2012년 47.5%였다. 방위비분담금의 연례적인 대규모 미집행액 발생은 단순한 '집행' 문제가 아니다. 군사 건설 사업 선정의 지연이나 사업 계획서 제출의 지연, 집행 부진에 따른 예산의 감액 편성 등이 되풀이되는 것은 꼭 필요하고 타당한 사업이 있어서 예산을 요청하는 것이 아니라 나중에 미군 기지 이전 사업에 돌려쓰기 위해 미국이 일단 예산을 많이 확보해두려고 하기 때문이다. 그러므로 연례적인 미집행액 발생은 방위비분담금이 필요 이상으로 지급되는 것이 근본 원인이다. 미국을 위해 '국가재정법'까지 위반하고 방위비분담금을 지급하는 것은 주권 국가에서 이루어지는 일이라고 하기 어렵다. 방위비분담금을 협정액보다 줄여 예산 편성할 문제가 아니라 총액 자체를 줄이거나 폐지해서 해결할 문제인 것이다.

방위비분담금은 한국 돈인가, 미국 돈인가

미국이 알아서 써도 된다?

2007년 1월 8일 벨 당시 주한미군 사령관은 기자회견을 열어 '미 2사단 이전비의 50%를 방위비분담금에서 충당'하겠다고 발표했다. 그러자 방위비분담금을 미군 기지 이전 비용에 쓰는 것은 불법이라는 한국 내 비판이 이어졌다. 하지만 국방부의 김규현 국제협력관은 "미군 기지 이전 협상 처음부터 미국이 방위비분담금을 기지 건설을 위해 쓴다는 것을 전제했던 것으로 안다"라면서 방위비분담금의 전용을 기정사실로 하였다. 나아가서 그는 "방위비분담금도 미국에 일단 준 돈이니만큼, 미국 계정에서 지출되는 것이 법적으로도 맞다"(≪한겨레≫, 2007.2.2)라고 덧붙이기까지 했다. 또 다른 국방부 관계자는 "세부적으로 어떻게 쓰이는가는 우리가 관여할 수도 없고, 하지 않는 걸로 돼 있다"라고도 하였다. 이는 미국이 방위비분담금을 어떻게 쓰든 '미국 마음'이라는 주장이다.

"양해했다"는 자기모순적 해명

'방위비분담금이 미국에 준 돈이므로 미국이 알아서 쓸 수 있다'는 국방부의 주장대로라면 국방부가 방위비분담금의 미군 기지 이전비 전용에 대해서 미국에 "양해"해줄 이유도 필요도 없었다. 그런데 8차 방위비분담 특별협정 비준 동의안 심사 당시 국방부는 국회가 방위비분담금의 미군 기지 이전비 전용을 문제 삼자 전용을 "양해"해주었다고 밝혔다. 만약 방위비분담금이 미국 돈이라면 양해가 불필요한 것이기 때문에 정부의 양해는 곧 방위비분담금이 한국 돈이라는 것을 정부 스스로 인정한다는 얘기다.

세부 집행에 관여할 수 없다는 국방부의 주장은 사실일까?

'방위비분담 특별협정에 대한 이행약정'에 따르면 인건비, 군사 건설비, 군수 지원비 세 항목에 대한 자금 배정은 한미 방위비분담 공동위원회의 종합적인 검토와 평가에 기초하여 이뤄진다. 이런 검토와 평가를 위해 주한미군은 자금 배정의 근거가 될 수 있는 세부 자료를 한국에 제출해야 한다. 방위비분담금의 항목별 배정이 끝나면 집행은 위의 '이행약정'이 정한 절차에 따라 이뤄진다. 가령 군사건설의 경우 주한미군은 최종 건설 사업 목록의 초안을 집행하는 해의 전년도 8월 31일까지 한국에 제출해야 한다. 또한 주한미군은 분기별로 군사 건설 사업의 집행 보고서를 합의된 양식에 따라 한국에 제출해야 한다. 즉, 방위비분담금의 항목별 배정 단계부터 사업 계획 수립, 사업 집행 및 결과 보고 등 모든 단계에 걸쳐 방위비분담금의 소유권자인 한국의 관여가 권리로서 보장되어 있다. 이러한 점에서 세부 집행에 관여할 수 없다는 국방부의 주장은 방위비분담금의 미군 기지 이전비로의 불법 전용에 대한 책임을 모면하기 위한 변명에 불과하다.

방위비분담금은 엄연히 한국의 돈

방위비분담금은 정부 예산에서 지출된다. 따라서 방위비분담금은 '국가재정법'에 맞게 예산이 수립되고 집행돼야 한다. 또한 방위비분담금은 국가재정에서 지출되는 것이므로 국회의 예·결산 심사 대상이 된다. 만약 국회가 예산 승인을 하지 않으면 방위비분담금은 지출될 수 없는 것이다.

또 방위비분담금은 한국 내에서만 지출되어야 하고, 집행 과정 및 결과에 대해서 주한미군은 한국 정부에 보고할 의무를 진다. 이처럼 방위비분담금은 우리의 재정 주권이 행사되어야 하는 돈이며 주한미군은 한국과 합의한 범위 내에서 이용권을 가질 뿐이다.

'방위비분담 특별협정에 대한 이행약정' 제2항(나)에 따르면 군사건설비로 건설된 시설물은 한미 소파 제4조에 대한 합의의사록에 명기된 목적에 따라 "대한민국에 의해 제공되는" 것으로 간주되며 목적을 위해 더 이상 필요하지 않으면 한국에 반환되어야 한다. 즉, 방위비분담금으로 지어진 주한미군의 군사 시설물은 그 소유권이 한국에 있다. 이 역시 방위비분담금이 한국 돈임을 방증하는 한 예다.

방위비분담금은 엄연히 한국 돈이다. 따라서 미국은 방위비분담금을 사용하더라도 우리의 재정 주권을 침해해서는 안 된다. 미국은 방위비분담금을 투명하게 써야 하고 사업 목적에 맞게 사용해야 하며 헛되이 낭비해서는 안 되고 불법적으로 사용해서도 안 된다.

주한미군의 환경 주권 침해

주한미군 주둔과 관련해 한국은 사실상 환경 주권이 없다. 2001년 한미 소파 개정에서 이른바 '환경 조항'('한미소파 합의의사록 제3조 제2항에 관하여')이 신설되었지만 한국의 환경 주권 보장과는 거리가 멀다. 신설된 조항을 보면 주한미군 기지의 환경오염 조사나 치유에 대해 미국이 한국 '환경법'을 준수해야 할 법적인 의무가 명시되어 있지 않다. 신설된 환경 조항을 보면 "미국은 한국 정부의 관련 환경 법령 및 기준을 존중하는 정책을 확인한다"라고 되어 있다. '준수한다shall confirm with'가 아니라 '존중한다respect'라고만 되어 있는데, '존중'은 '준수'와 달리 국제법적 구속력을 갖지 못한다. 존중은 도덕적 의무에 가깝다. 반면 "대한민국 정부는 미합중국 인원의 건강 및 안전을 적절히 고려하여 환경 법령과 기준을 이행하는 정책을 확인한다"라고 하여 한국 정부에 대해서는 환경 법령과 기준을 ('존중'이 아니라) '이행'해야 할 법적 의무로 부과하고 있다.

2001년 한미 소파 개정 당시 신설된 환경 조항에는 '환경 보호에 관한 특별양해각서'가 포함되어 있다. 이 특별양해각서는 '환경 관리 기준(EGS)', '정보 공유 및 출입', '환경 이행 실적', '환경 협의' 등에 대해 규정하고 있다. 그러나 특별양해각서는 국제법적 구속력이 없으며 단지 당사국에 대해서 정치적 · 도덕적 구속력만 갖기 때문에 조약이라 할 수 없다. 더욱이 특별양해각서는 내용에서 한국의 환경 주권을 인정하지 않고 있다. 한국의 '환경법'보다 환경 관리 기준(EGS)이 더 우위에 있을뿐더러, 환경 관리 기준의 법적 실체도 모호하다. 특별양해각서는 "한미는 환경 관리 기준(EGS)의 주기적인 검토 및 갱신에 협조함으로써 환경을 보호하기 위한 노력을 계속한다"라고 적고 있다. 그러면서 "이러한 기준은 관련 합중국의 기준 및 정책과 주한미군을 해함이 없이 한국 안에서 일반적으로 집행되고 적용되는 한국의 법령 중에서 보다 보호적인 기준을 참조하여 개발되며"라고 하여 한국의 법령을 환경 관리 기준 작성을 위한 하나의 참조 사항으로 언급하고 있다. 또한 환경 관리 기준을 2년마다 '검토'하거나 그 갱신을 신속히 '논의한다'고만 되어 있을 뿐 그 채택 여부가 분명하지 않다. 원래 환경 관리 기준이란 미 국방부의 해외기지 환경 기준 지침 문서Overseas Environmental Baseline Guidance Document에 의거하여 주한미군이 작성한 것으로 미 국방부의 내부 규범에 불과하다. 환경 관리 기준은 그 적용에서 제외되는 범위가 매우 넓은데 다가 특정 항목은 미국 내 기준보다 낮다. 또한 주둔국 국민이 피해를 당해도 이 기준을 근거로 소송을 제기할 수 없게 되어 있다. 아무런 국제법적 구속력도 없는 미 국방부 내부의 규범으로서 법적 지위가 모호한 환경 관리 기준으로 한국 '환경법'을 대체하는 것 자체가 환경 주권을 침해하는 것이다.

또한 이로 인해 주한미군 기지 환경오염 치유나 환경오염 조사 방식에서도 한국은 미국에 휘둘리고 있다. 한국은 반환 미군 기지 오염 조사를 국내 '환경법'에 따라 '토양 정밀 조사 방식'으로 할 것을 주장하였지만 미국은 '위해성 평가 방식'을 주장해 이를 관철시켰다. 위해성 평가란 정화 기준(인간건강에 대한 공지의 급박하고 실질적인 위험)을 초과하는 부분이 발생할 경우 미국 측이 자체 비용으로 치유한 뒤 기지를 한국에 반환하는 방식이다. 부산 하야리아 미군 기지 반환 당시 한국은 토양 정밀 조사를 실시했는데 미국이 그 결과를 수용하지 않았다. 나아가 미국은 환경오염 조사 방식의 변경을 요구했고 결국 미국이 제안한 '위해성 평가' 방식을 적용하기로 합의했다. 위해성 평가 방식으로 2009년에서 2011년 사이에 7개 반환 미군 기지에 대한 조사를 실시한 결과 6개 기지는 위해성이 없는 것으로, 유일하게 부산 하야리아만이 오염된 것(전체 면적 중 0.26%인 1356m²)으로 판명됐다. 하지만 미국은 자신이 주장한 방식을 통해 확인된 환경오염에 대해서도 그 정화 비용을 부담하는 것을 거부하였다. 이에 한국은 2011년 하야리아 기지에 대해서 다시 토양 정밀 조사를 실시하였고 그 결과 17.96%가 오염된 것으로 판명되어 143억 원의 돈을 들여 정화하였다. 하야리아 기지에 대한 일련의 평가 과정은 한국의 환경 주권이 지켜지지 못할 경우 한국이 미군 주둔으로 커다란 비용적·환경적 국익 손실을 피할 수 없음을 보여주는 사례다.

참고로 앞서 언급한 특별양해각서에 따르면, "합중국 정부는······ 주한미군에 의하여 야기되는 인간 건강에 대한 공지(세상에 널리 알림)의 급박하고 실질적인 위험을 초래하는 오염의 치유를 신속하게 수행하며"라고 하여 주한미군이 일방적으로 오염 치유의 기준을 정하고 판단할 것임을 밝히고 있다. 특별양해각서에 의거해 채택된 '환경 정보 공유 및 접근 절차 부속서A' 및 그 수정안인 '공동 환경 평가 절차서JEAP'를 보면 미군 기지 내 환경오염 공동 조사는 소파 환경분과위 한미 양측 위원장의 합의로 결정되기 때문에 미국이 합의해주지 않는 한 이뤄질 수 없다. 또 미군 기지 오염 지역 출입도 소파 환경분과위 미국 측 위원장의 승인이 필요하기 때문에 미국이 허가하지 않으면 한국 측은 출입 자체가 허용되지 않는다. 또 JEAP 절차에 따라 진행되는 모든 사항은 환경분과위 한미 양측 위원장의 사전 승인이 없으면 언론과 대중에게 공개할 수 없다.

한미 소파와 달리 나토 소파 독일 보충협정은 독일의 환경 주권을 기본적으로 보장하고 있다. 협정문을 보면 모든 사업에 대해 환경 적합성을 독일 '환경법'에 따라서 조사하도록 의무화하고 법적 기준을 넘는 유해 물질 오염의 경우 확인 · 평가 · 치유 비용을 파견국이 부담하게 되어 있다.

4. 방위비분담금은 적법하고 투명하게 집행되고 있을까?

방위비분담금의 미군 기지 이전비 전용이나 이자 놀이와 같은 불법적인 방위비분담금 사용에 대한 국민의 비판이 잇따르자 한미 정부는 방위비분담금의 '제도 개선'에 합의한다. 제도 개선이란 방위비분담금을 투명하고 적법하게 집행함으로써 방위비분담금의 불법 전용이나 과

다한 미집행액 발생을 막아보자는 것이 그 취지다. 제도 개선은 2008년과 2014년 두 차례 이뤄졌다.

1차 제도 개선: 군사 건설비의 전면 현물 지원 체제

방위비분담금의 불법 전용 문제가 크게 회자되면서 국회는 2007년 7차 특별협정 비준 동의안 심사에서 "방위비분담금을 기지 이전 비용에 전용하는 것은 불합리할 뿐만 아니라 국민 정서상 납득하기 어려우므로 미 측과 협의를 통해 개선 방안을 강구"할 것을 촉구하였다. 이에 한국 정부는 미국과 제도 개선 협상에 나서게 된다. 협상 결과 8차 특별협정의 부속 문서로 "군사 건설은 2009년부터 점진적으로 현물 지원으로 전환되며, 2011년부터는 시설의 설계 및 시공 감리와 관련된 비용을 제외하고는 전면 현물로 지원된다"는 '군사 건설의 현물 지원에 관한 교환 각서'가 2009년 1월 15일에 채택되었다(2008년까지는 군사 건설비의 95%가 현금으로 지급됨). 정부는 "이제 현물 지원이 되므로 집행되지 않은 현금이 축적되는 일이 방지될 것"이며 "이자 발생 의혹 제기의 문제점을 원천 제거"할 수 있게 됐다고 주장하였다.

그러나 현물 지원 체제로의 전환은 '동문서답'이다. 왜냐하면 현물 지원 체제로 전환된다고 해서 군사 건설비의 불법 전용이 자동으로 방지되는 것은 아니기 때문이다. 현물로 지원하면 군사 건설비가 미군 기지 이전 사업에 쓰이는지 아니면 기존 미군 기지 노후 시설 개선에 쓰이는지 한국 정부가 확인할 수는 있다. 그렇지만 정작 정부는 불법 축적된 현금과 그 전용에 대해 문제 삼기는커녕 향후 군사 건설비의 미군 기지 이전비 전용에 대해서까지 미국에 '양해'해 줌으로써 아예 불법 전용에 면죄부를 줬다. 이는 군사 건설비의 미군 기지 이전비 전용을 '불합리'한 것으로 규정한 국회의 결의를 정면으로 부인한 것이다. 현물 지원 체제 전환에도 불구하고 미집행액은 8차 특별협정 기간 중 최대 3975억 원 (2012년)에 이른다. 현물 지원 체제에도 불구하고 대규모 미집행액이 계속 발생했고, 미집행액의 거의 대부분이 평택 미군 기지 이전에 쓰였다. 현물 지원 체제가 군사 건설비의 불법적 축적과 전용을 막기 위한 제도 개선이 될 수 없는 이유다.

전면 현물 지원 체제 속에 감추어진 독소 조항

정부는 전면적인 현물 지원 체제로의 전환을 8차 방위비분담 특별협정의 가장 큰 성과로 내세웠다. 사실 군사 건설비의 12%는 여전히 현금 지원이므로 전면적인 현물 지원이란 것도 88% 한도 내의 제한된 범위다. 그런데 이런 88%의 현물 지원도 언제든지 다시 현금 지원으로 복귀할 수 있는 독소 조항이 미국의 강요로 포함되었다는 사실이 위키리크스의 폭로로 알려지게 되었다. 위키리크스가 공개한 주한 미 대사관 비밀 전문 2008년 12월 2일 자에 의하면 "미국 측은 한국 측이 국회 비준을 받기 쉽도록 건설 부문 현물 지원에 합의해주는 대신 미국이 요구하면 현금 지원으로 복귀할 수 있는 '출구 전략' 조항을 협정문에 포함할 것을 강하게 주문"(≪세계일보≫, 2014.3.16) 했다. 그 결과로 현금 지원으로의 복귀 조항이 '교환 각서'(9항)에 포함됐다.

• 8차 방위비분담 특별협정 제3조

(군사 건설의 현물 지원에 관한 교환각서)

군사 건설 지원은 2009년부터 점진적으로 현물 지원으로 전환되며, 2011년부터는 시설의 설계 및 시공 감리와 관련된 비용을 제외하고는 전면 현물로 지원된다.

• 6항: 설계 및 시공 감리는 총 사업비의 평균 12%를 차지하며 한국이 현금으로 지급한다.

• 9항: 특정 사업에서 현물 지원 절차가 작동하고 있지 않다고 판단되는 경우, 한미는 문제를 해결하기 위하여 협의하고 현금 제공을 포함하여 이 사업을 완료하기 위하여 적절한 조치를 취한다.

9차 특별협정에서는 그나마 8차 특별협정 제3조에 있던 '전면 현물로 지원된다'는 규정 자체가 아예 삭제된다.

2차 제도 개선: 실효성 없는 '포괄적 제도 개선'

현물 지원 체제 전환 이후에도 대규모 미집행액이 발생하고 방위비분담금의 불법 전용과 이자 놀이에 대한 비판 여론이 수그러들지 않자 2014년 2월 한미는 9차 방위비분담 특별협정 체결과 함께 '포괄적인 제도 개선'에 합의했다. 주요 내용은 분담금 배정 초기 단계부터 사전 조율 강화, 군사 건설 분야의 상시 사전 협의 체제 구축, 군수 지원 분야 관런 중소기업의 애로 사항 해소, 주한미군 한국인 노동자 복지 증진 노력 및 인건비 분야 투명성 제고, 방위비 예산 편성 및 결산 과정에 이르기까지 투명성 강화(국회 보고) 등 5가지다. 그러나 포괄적 제도 개선 방안 역시 군사 건설비의 미군 기지 이전비 전용을 "양해"해주고 있어 방위분담금 전용의 원천적 금지를 바라는 국민의 요구와 거리가 멀다.

군사 건설 분야의 상시 사전 협의 체제를 갖춘다고 하지만 군사 건설 사업에서 여전히 많은 미집행액이 발생하고 있어 그 실효성이 의심스럽다. 8차 특별협정의 군사 건설의 88% 현물 지원 규정이 9차 특별협정에서는 아예 삭제되어 제도적으로 후퇴한 부분도 있다. 군수 지원 입찰 자격을 가진 한국 업체가 '한국인 지분과 한국인 이사가 50% 이상'인 업체로 정의되어 종전의 '순수한 한국 기업'보다 후퇴하였다. 그 결과 자금이 해외로 유출될 수 있게 되었다. 또 군수 지원 사업 분야에 '기지 운영비 지원'이 새로 추가돼 방위비분담금 증액 요인이 생겼다. '한국인 노동자 복지 증진 약속'은 지켜지지 않고 있다. 한국인 노동자를 위한 전용 식당 운영이나 퇴직금 중간 정산 제도 철회와 퇴직연금제 가입, 주한미군 체육 시설 이용과 같은 주한미군 한국인 노동자들의 복지 개선 요구가 받아들여지지 않고 있다. 방위비분담 항목별 배정 검토 결과나 방위비분담금 연례 집행 종합보고서 등을 국회에 보고한다는 약속도 지켜지지 않고 있다.

5. 사드 배치에 방위비분담금 쓸 수 있나?

2016년 7월 13일 한민구 국방장관은 "방위비분담금 중 군사 건설비를 사드Terminal High Altitude Area Defense, THAAD(종말 단계 고고도 지역 방어) 포대 건설에 미군이 쓸 수 있는가"라는 김성식 의원의 질의에 대해 "주한미군 측이 그런 소요가 있다고 판단하면 (방위비분담금을) 사용할 수 있다"라고 답변하였다. 그러나 한민구 국방장관의 발언은 한미 소파 제5조 위반이다. 한미 소파 제5조에 따르면 시설과 구역을 제외한 모든 미군 유지비는 미국이 부담하게 되어 있으므로 구역(부지) 내 새로운 시설의 건설 비용은 미국이 부담해야 한다. 만약 방위비분담금을 사드 포대 건설에 쓰게 되면 한국이 주한미군의 유지비를 부담하는 것이 되므로 한미 소파 제5조 위반이다.

방위비분담금 사용 내역을 통제할 수 없다는 국방부

2017년 2월 28일 국방부는 기자들이 "방위비분담금을 미국 측이 사드 부지 내 건설비로 쓰더라도 확인할 수 없는 것이냐"라고 묻자 "방위비분담금의 사용은 승인이나 동의(사항)는 아니고 미국으로부터 통보받는다"면서 "우리가 방위비분담금의 사용 내역을 통제할 권한이 없다"(≪한겨레≫, 2017. 2. 28)라고 답했다.

그러나 방위비분담금의 사용 내역을 통제할 수 없다는 국방부의 주장은 사실이 아니다. 방위비분담금은 한국의 돈으로 그에 관한 한국의 통제권이 방위비분담금의 항목별 배정부터 집행과 사후 보고에 이르기까지 모든 단계에서 행사된다. 9차 방위비분담 특별협정 제1조는 "이 협정의 이행은 당사자 관계 당국 간의 별도의 이행 약정에 따른다"라고 되어 있고, '이행 약정'을 보면 군사 건설 사업이나 군수 지원 사업은 한국과 사전에 협의하고 승인을 받도록 되어 있다. 군사 건설 사업에 관한 이행약정(2조 나)에는 "군사 건설 개별 사업은 주한미군 사령관에 의해 처음 선정되고 우선순위가 매겨진다. 한국 국방부와 주한미군 사령부는 합동협조단을 통하여 이를 검토하고 협의한다"라고 되어 있다. 또한 "(건설 사업 목록의) 중요 관심 사항은 집행 연도의 전년 10월 1일까지 방위비분담 공동위원회에 상정될 수 있다"라고 되어 있다. 군수 지원비에 대해서는 "주한미군은 계약 대상 업체를 결정하고, 계약 문서를 구비하여 한국 국방부의 최종 승인을 받는다"라고 명시하고 있다. 즉, 한국 국방부가 의지만 있으면 절차적으로 방위비분담금을 사드 운영비로 쓰는 것을 얼마든지 막을 수 있다.

미국만을 위한 MD 무기 사드

국방부는 "방위비분담금의 3가지 항목에는 쓸 수 있도록 정해진 분야가 있다. 이 3가지 항목에 적정 항목(사유)이 있다면 방위비분담 기준을 가지고 앞으로 적용해야 한다"라고 말하면서 항목별 소요에 따라 방위비분담금을 사드 운영비로 사용할 수 있다는 주장을 펴고 있다. 그러나 국방부의 주장은 사실과 다르다. 사드 포대 운영에 필요한 민간 인력은 미 군수업체 레이시온 등에서 파견되는 기술직이어서 군이 한국인 노동자들이 필요치 않다. 기술직이 아닌 판매직(PX나 음식점)의 경우 한국인 노동자가 필요할 수 있지만 이는 비예산 기관에 해당하므로 방위비분담금 지급 대상이 아니다. 군사 건설비에 있어서, 가령 숙소나 막사의 경우 기존 롯데 골프장의 시설을 이용하거나 왜관의 미군 기지를 이용할 수 있어 지출할 필요가 없다. 국방부는 이미 골프장 내 클럽하우스와 직원 숙소 등도 향후 부대가 이용하는 시설로 적절히 사용될 수 있다(≪영남일보≫, 2016.8.24)는 평가를 한 바 있다. 군수 지원비도 미군 소유 탄약 정비, 전쟁 예비 물자 정비, 노후 시설 유지 보수비, 물자 구입비, 수송 지원 등에 사용하도록 한정되어 있어 사드 운영비와는 관계가 없다.

무엇보다도, 방위비분담금은 주한미군의 어떤 경비든 제한 없이 다 지원할 수 있는 자금이 아니다. 방위비분담금 지원은 주한미군의 대북 전쟁 억제력 발휘에 기여하는 범위 안에서 최소한에 그쳐야 한다. 주한미군의 사드 한국 배치는 중국 및 북한의 ICBM을 조기에 탐지 및 추적함으로써 미국 본토를 방어하기 위한 것이 주요한 목적이므로 사드 운영비는 미국이 전적으로 그 비용을 부담해야 맞다. 사드 1개 포대의 연간 유지비는 미 국립아카데미 산하 연구협회가 2012년 출간한 『탄도미사일 알아보기Making sense of ballistic missile defense』에 따르면 X밴드 레이더가 종말 모드인 경우 최소 285억 원에서 최대 449억 원, 전방 모드인 경우 최소 688억 원에서 최대 925억 원(2016년 평균 환율 1달러 당 1160.50원 적용)에 이른다. 종말 모드를 기준으로 하면 한 해 방위비분담금 예산 전체의 3~5%에 이르는 액수다. 이렇게 되면 방위비분담금의 증액은 불 보듯 명확하다. 사드 운영비를 방위비분담금에서 쓸 수 있게 허용하면 방위비분담금의 대폭 삭감이나 폐지를 바라는 우리 국민의 요구는 수포로 돌아간다.

루마니아와 폴란드의 사례

미국은 루마니아 및 폴란드와 각각 MD 체계(이지스 어쇼)를 배치하는 조약을 맺었다. 미루 MD 협정(2011년), 미폴 MD 협정(2008년)을 보면 미국은 주루마니아 또는 주폴란드 미군 MD 장비 및 시설의 운영비(수송, 건설, 유지 및 보수, 운용)와 공공시설(상하수도 등) 및 전기 통신선의 설치 및 이용료를 부담한다. 주둔국과 미국이 공동으로 사용하는 시설을 건설하거나 변경할 필요가 있을 경우에는 각각의 사용 비율에 따라 분담한다. 미국에 기반 시설을 포함해 MD 시설의 운영비를 부담지우고 기지 밖 시설 비용까지 분담하게 한 것은 주둔국(루마니아나 폴란드) 내 MD 기지 건설 목적이 주둔국 방어보다는 주로 미국과 유럽의 방어에 있기 때문이다.

깊이 읽기

황당한 트럼프의 10억 달러 청구 발언

트럼프 대통령은 2017년 4월 27일 로이터통신과의 인터뷰에서 "나는 한국 정부에 사드 배치 비용을 지불하는 게 적절하다고 통보했다"면서 "사드는 10억 달러 체계다"라고 금액까지 제시했다. 또 트럼프는 '사드가 한국 방어를 위한 것'이고 '기막힌 무기'라면서 비용 청구의 정당성을 주장했다.

그런데 트럼프의 말대로 한국이 사드 배치 대가로 10억 달러를 지급하게 되면 한국이 사실상 사드 장비를 구매해서 미국에 제공하는 것이 된다. 한국이 미국 군대가 보유하는 무기에 대해 구입비를 내는 것은 아무런 법적 근거가 없으며 전례가 없는 일이다. '한미 상호 방위 조약' 제4조는 "상호 합의에 의하여 미합중국의 육군, 해군과 공군을 대한민국의 영토 내와 그 부근에 배치하는 권리를 대한민국은 이를 허여하고 grant 미합중국은 이를 수락한다"라고 되어 있다. 이 조항은 미국이 자국 군대를 한국에 배치할 권리만을 규정하고 있다. 미군의 한국 배치에 따르는 비용 등 여러 문제는 한미 소파에 규정되어 있고, 여기에서 모든 미군 주둔 경비는 미국이 부담하게 되어 있다. 따라서 주한미군이 보유하는 사드 장비에 대해 한국에게 그 구입 비용을 대라는 것은 한미 소파를 위배하는 것이다(고영대, 2017).

'한미 상호 방위 조약' 제4조가 미국에게 주한미군을 배치할 수 있는 권리를 준 것은 어디까지나 한국 방어에 대한 미국의 의무 이행을 위한 것이지 미국에게 상업적 이익을 보장해주기 위한 것이 아니다. 만약 미국이 자국 군대의 한국 주둔 권리를 이용하여 상업적 이득을 도모한다면 이는 '한미 상호 방위 조약'과 한미 소파에 정면으로 역행하는 것이며 그 근간을 허무는 것이 된다. 주한미군이 보유하는 장비에 대해서 한국이 대신 그 구입 비용을 지불하고 또 미군의 운영 비용도 한국이 부담한다면 주한미군은 한국에 의해서 고용된 용병이지 '한미 상호 방위 조약' 상의 의무를 지키기 위해서 파견된 군대라고 할 수 없기 때문이다.

사드 장비 구입 비용을 내라는 트럼프의 요구는 2017년 말 또는 2018년 초부터 시작될 방위비분담금 협상을 염두에 둔 사전 포석일 수 있다. 사드 장비 비용 청구에 대한 한국 국민의 반발을 고려해 한미가 10억 달러를 여러 번으로 나눠 방위비분담금에서 지급하는 것으로 타협할 가능성도 있다.

10억 달러, 즉 1조 1600억 원을 종말 모드 운영비로 계산하면 약 25년분에 해당된다. 이는 한국이 방위비분담금을 2019년부터 2044년까지 물가 상승률을 감안하면 매년 10%씩 인상해야 한다는 것을 의미한다. 그 경우 방위비분담금은 내폭 인상될 것이며 영구화가 불가피하다. 이는 불법과 낭비로 점철된 방위비분담금의 대폭 삭감과 궁극적 폐지를 바라는 국민의 염원을 수포로 돌리는 것이다.

6. 미국의 강압적 협상 전략

미국은 한국과 방위비분담금을 협상할 때 힘의 우위를 바탕으로 강압적인 협상 전략을 구사한다. 그 바탕에 있는 것이 바로 주한미군의 존재다. 미국은 한국 정부의 양보를 받아내기 위해 거의 매 협상마다 주한미군 철수 또는 감축을 제기하고 위협하는 전략을 구사했다. 미국은 한국의 대미 의존적인 태도를 역이용하여 한국 측 협상 대표들을 길들이려는 술수도 마다하지 않는다. 이에 대해 ≪중앙일보≫ 배명복 기자의 칼럼(2013.7.9)을 인용하면 다음과 같다.

> 대미 협상 경험이 많은 전직 베테랑 외교관으로부터 들은 얘기다. 까칠하게 구는 한국 외교관을 미국이 손보는 방법? 간단해요. 영어 실력이나 대미 인식을 문제 삼는 겁니다. '그 친구, 영어를 잘 못 알아듣는 것 같던데…' 혹은 '그 친구, 반미주의자 아냐?' 이런 말 몇 마디만 슬쩍 흘리면 나머지는 한국 정부가 알아서 해결해준다…….

이러한 점을 감안하면서 몇 차례 한미 합의 과정에서의 미국의 전략과 태도를 살펴본다.

방위비분담금 줄자 미군 철수 위협

6차 방위비분담 특별협정 체결 협상 끝에 2005년 3월 15일 한미협상 대표는 2005년과 2006년 방위비분담금 총액을 각각 6804억 원으로 하는 데 최종 합의하였다. 그리고 미국 측 대표가 미 정부의 추인을 받으면 한미 양국이 공식 발표하기로 하였다. 2005년 및 2006년 방위비분담금은 2004년의 7469억 원보다 665억 원이 줄어든 것이다. 주한미군 인원이 2004년 3만 7900명에서 2006년 2만 8200명으로 4분의 1 이상 줄었기 때문에 방위비분담금 총액 삭감은 당연한 것이었다. 그런데 공식 발표를 얼마 앞두고 2005년 4월 1일 주한미군 참모장 겸 미8군 사령관 캠벨 중장이 돌연 기자회견을 열어 방위비분담금 삭감 합의에 대해 한국 정부에 강력하게 항의했다. 캠벨은 기자회견 자리에서 '주한미군 고용 한국인 노동자들에게 1000명 감원을 통보했다'고 밝히는가 하면 '한국군을 지원하는 주한미군 전력, 사전 배치 장비 및 물자, 한국군에 제공되는 지휘 및 통제(C4I) 장비 지원에 대해서 어려운 결정을 할 필요가 있다'면서 주한미군도 감축할 수 있다고 엄포를 놓았다. 한국에 재협상을 요구한 캠벨의 기자회견은 한미 합의를 부정하는 사실상의 항명이었는데, 이는 캠벨 개인의 돌출 행동으로 보기 어려웠다. 왜냐하면 캠벨이 기자회견 때 미국 정부와 사전 논의를 거쳤다고 밝혔기 때문이다. 방위비분담금 삭감에 내키지는 않지만 동의할 수밖에 없었던 미국 정부가 뒤늦게 캠벨을 내세워 뒤집기를 시도한 것이다. 미국이 최종 합의를 하고서도 이를 번복하려고 시도한 이유는 어디에 있을까? 미국은 협상 때 방위비분담의 새로운 구성 항목으로 'C4I 현대화 비용', '미군 주택 임대료', '시설 유지비', '공공요금'을 신설할 것을 요구했다. 하지만 한국은 시설 유지비만 수용하고 나머지 항목은 받아들이지 않았다. 'C4I 현대화 비용'이나 '미군 주택 임대료'는 모두 용산 미군 기지 이전 협정에 따라 미국이 비용을 부담하기로 약속한 것이다. 이들 항목을 방위비분담의 새로운 항목으로 추가 요구한 것은 용산 미군 기지 이전 비용 중 미국 부담을 한국에 떠넘기려는 속셈이었다. 이런 미국의 계산이 한국의 거부로 틀어지자 미국이 주한미군 철수를 위협하며 뒤집기를 시도한 것이다. 하지만 캠벨의 돌출적 기자회견에도 불구하고 한국 정부가 흔들리지 않자 미국 정부도 결국 자신의 협상단이 합의한 내용을 추인하였다.

협상 시작 전에 미군 철수 위협

7차 방위비분담 특별협정 체결 협상은 2006년 5월부터 11월까지 모두 6차례 회의를 가졌다. 6차 특별협정 협상 때와 달리 미국은 7차 특별협정 협상에서 기선을 제압하고 나섰다. 협상 시작 전인 2006년 3월 버웰 벨 당시 주한미군 사령관은 미국 상원 군사위 증언에서 "공평하고 적절한 방위비를 분담할 용의가 있느냐가 한국이 미군의 주둔을 원하는지에 대한 확고한 징표"라고 말해 방위비분담금을 대폭 올리지 않으면 주한미군을 철수할 수도 있다는 의사를 내비쳤다. 협상이 시작되자 럼스펠드 당시 미 국방장관이 직접 나섰다. 그는 "주한미군의 주목적이 한국 방어에 있는 점을 고려할 때 공정한 분담이 필요하다"라는 서신을 2006년 8월 17일 윤광웅 국방장관에게 보냈다. 럼스펠드의 서신은 한국이 미군의 비인적주둔비의 50%를 부담해야 하며 방위비분담금이 그에 미치지 못하면 한국 방어에 차질이 빚어질 수 있다는 은근한 협박이었다. 이어 리처드 롤리스 국방부 부차관보가 나섰다. 그는 2006년 9월 27일 미 하원 국제관계위 청문회에서 "2005년 분담금이 대폭 삭감돼 요구분의 10%가 부족했다. 군살을 깎고 필요한 살까지 깎았지만 이제는 뼈까지 깎는 단계"라며 대국의 관료답지 않게 얼마 되지 않는 금액에 대해 엄살을 떨었다. 그는 한국 기자들까지 불러 "한국이 주한미군 주둔 경비 분담률을 올리지 않으면 주한미군의 인력과 능력을 줄일 수밖에 없다"(《중앙일보》, 2006.10.4)면서 주한미군 철수 의사를 내비쳤다.

미국의 파상적 공세에 밀린 한국 정부는 2007년 방위비분담금으로 애초 제안한 6800억 원을 거둬들이고 이를 7225억 원으로 상향한다. 그러나 미국은 여기에 만족하지 않고 2006년 11월 29일에 열린 마지막 협상에서 주한미군의 비인적주둔비의 50%인 7520억 원을 요구하였다. 위키리크스가 공개한 버시바우 주한 미 대사의 2006년 12월 1일 자 비밀 전문에는 협상 진행 과정이 상세히 기록되어 있다. 이에 따르면 로프티스 미 방위비분담 협상 대사는 7225억 원은 미국의 마지노선인 7520억 원에 미치지 못한다고 하면서 방위비분담금이 부족하면 주한미군 감축을 고려할 수 있고 감축되는 병력 중에는 전투 병력도 포함될 수 있다고 한국 대표에게 으름장을 놓았다. 이에 대해 조태용 한국 대표(당시 외교통상부 국장)는 7225억 원이 "NSC 상임위원회(통일부장관, 외교부장관, 국정원장, 국방부장관 등이 위원)에서 큰 이견을 극복한 끝에 겨우 승인된 것으로 최종안"이라면서 "이 금액을 한 푼이라도 넘으면 행정부와 의회의 승인을 받기가 극히 어려울 것"이라고 하며 재차 추가 인상에 대해서 분명하게 선을 그었다.

버시바우 주한 미 대사는 비밀 전문의 마지막에 "미국 대표가 자산(주한미군)의 이동(철수)이 있을 수 있다고 말했지만 한국 정부의 여러 고위 인사들이 방위비분담금을 올리는 것에 반대하는 입장을 이미 굳힌 상태다. 그 때문에 한국 정부가 더 높은 액수를 내놓을 것 같지 않다"라는 의견을 제시하고 있다. 이어 "로프티스가 한국의 안을 수용하고 협상을 마무리하자고 건의하고 있다"라는 말로 비밀 전문을 마치고 있다. 비밀 전문에서 보듯 한국 정부가 NSC 상임위를 거쳐 정리된 입장으로 대응하자 미국은 7225억 원을 수용하게 된 것이다.

미국 우선주의 내건 트럼프 대처법

미국의 강압적 협상 전략은 미국 우선주의를 표방하는 트럼프 정부에서 더욱 기승을 부릴 것으로 여겨진다. 트럼프는 대선 후보 시절인 2016년 5월 4일 CNN과의 인터뷰에서 사회자가 "빈센트 브룩스 주한미군 사령관 지명자가 상원 인준 청문회에서 '한국의 경우 주한미군 인적 비용의 50% 가량을 부담한다'고 증언했는데 어떻게 생각하느냐"라고 묻자 "100% 부담은 왜 안 되냐"라고 반문했다. 트럼프는 대선 후보 시절 "나도 우리(미군)가 계속 주둔할 수 있기를 바란다. 하지만 엄청나게 부유한 대국들을 보호하는 데 드는 엄청난 비용을 합당하게 보상받지 못하면 …… 나는 이들 나라에 '스스로 자기를 지키게 될 거야. 축하해!'라고 말할 준비가 확실하게 되어 있다"라면서 주한미군 철수를 방위비분담금 인상 카드로 쓸 수 있음을 시사한 바 있다.

한국이 강압적이고 예측 불가한 트럼프 대통령에 맞서기 위해서는 우리의 주권과 국익을 당당하게 주장하는 것 말고 다른 방법이 있을 수 없다. 문재인 정부는 방위비분담금의 본질이 미국이 부담해야 할 주한미군 주둔 경비를 한국 국민에게 떠넘긴 것이라는 관점을 명확히 갖고 한미 관계의 호혜 평등한 관계로의 전환을 위해 이의 대폭적인 삭감과 궁극적인 폐지가 필요함을 당당히 말해야 한다. 한국의 주한미군 경비 부담의 과도함(80% 가까운 한국의 주한미군 경비 분담률이나 방위비분담금 이외 다른 많은 직간접 지원)을 강조하는 한편으로 방위비분담금의 불법적 사용(전용)이나 방위비분담금을 이용한 이자 소득 수취, 재정 주권 침해 방지 대책을 촉구해야 한다. 주한미군 감축이나 철수에 대해서도 수세 적인 자세를 가져서는 안 된다. 주한미군은 미국의 국익에 도움이 되기 때문에 주둔하는 것이지 한국의 이익만을 고려해서 주둔하는 것이 아니 다. 방위비분담 협상 때문에 미국이 미군을 철수시킨 사례는 없다. 또 한, 이미 한국군은 한국 방어를 실질적으로 책임지고 있으므로 주한미 군 의존에서 벗어날 필요가 있다.

강자를 상대로 한 협상일수록 협상력의 원천은 국민에게서 나오는 것이지 협상 대표 몇 명에서 나오는 것이 아님을 알아야 한다. 정부는 사전에 전문가, 시민단체, 국회, 언론 등 국민 여론을 수렴해 통일된 입 장을 마련하고 밀실 협상을 지양해야 한다. ≪한겨레≫에 보도(2017. 5.13)된 미국 국방연구원 동아시아 책임연구원 오공단 박사의 다음 발언 은 시사하는 바가 크다.

제일 중요한 것은 한국이 대국은 아니지만 중간 정도의 '미들파워' 국 가로서 자신감을 갖는 것이다. 한국이 …… 확고한 자기 나름의 신념과 확신을 가진 태도를 보여야 한다. 무조건 가서 아부한다든가 무엇을 내놓 는다든가 하는 것은 바람직하지 않다. 한국이 아부할 것도 없고 내놓을 것도 없다. 국가 대 국가의 관계이므로 당당하게 대처해야 한다.

제 5 장

방위비분담금, 어떻게 해결할 것인가

이 장에서는 방위비분담금의 주요한 명분인 주한미군의 대북 전쟁 억지 능력과 경제 발전 기여 문제를 살펴보고, 이를 바탕으로 방위비분담금 문제를 해결할 방향과 방법에 대해 논의하고자 한다.

1. 대북 전쟁 억지를 위해 방위비분담이 불가피할까?

대북 군사력 열세를 이유로 방위비분담을 정당화했던 국방부

방위비분담금이 필요한 까닭에 대한 정부 설명을 살펴보자. 국방부는 『1992 국방백서』에서 "한반도의 군사력 균형이 북한에게 유리한 현 상황에서는 이러한 열세를 보완하기 위하여 주한미군의 유지가 필요하며, 미국의 경제 능력이 부족한 만큼 국가 경제 및 재정 능력 범위 내에서 적정 수준의 방위비분담이 필요하다"라고 밝히고 있다. 남한의 대북 군사력이 열세여서 주한미군이 주둔해야 되는데 미국 경제능력이 부족해 방위비분담이 필요하다는 것이다.

국방부는 1989년 "남북한 군사력을 종합적으로 평가해볼 때 전쟁 수행 잠재력 면에서는 한국이 월등히 우세하지만, 동원 군사력 면에서는 남북한이 대체로 대등"한 것으로 평가하였다. 다만 국방부는 "상비 군사력 면에서는 북한이 압도적으로 우세한 것으로 판단된다"라고 평가하였다. 하지만 이는 남한의 상비 군사력을 과소평가한 것이다. 국방부는 『1990 국방백서』에서 지상 장비, 해상 장비, 항공 장비가 모두 성능에 있어 한국이 북한보다 우위에 있음을 인정했다. 또한 "한국의 투자비

(국방비 중 전력 투자비)누계는 1990년대 중반 이후에 북한을 능가할 수 있는 것으로 판단"된다고 함으로써 1995년 이후에는 상비 군사력에서도 남한이 북한을 앞설 것임을 예상했다. 고 리영희 교수는 1988년 8월 4일 국회 공청회에서 발표한「남북한 전쟁 능력 비교 연구」를 통해 "북한은 단기적·장기적 군사력과 국가적 전쟁자원, 그리고 민간부문의 군사용 전환효과 등에 있어서 남한보다 훨씬 열세한 사실이 입증되었다"라고 하여 전쟁 수행 잠재력, 동원 군사력 외에 상비 군사력에서도 남한이 우위에 있음을 입증하였다(리영희, 1999).

대북 군사력 열세를 방위비분담의 이유로 제시하는 국방부의 설명은 1995년에 끝난다. 1996년부터 국방부는 "향후 우리나라의 방위비분담은 한반도 안보 상황, 주한미군의 역할 및 규모, 우리나라 안보에 대한 주한미군의 기여도, 우리나라의 부담 능력 등을 종합적으로 고려하여 한미 양국의 이익이 일치되는 적정 수준에서 분담하는 방향으로 추진될 것이다"라고 언급했다.

대북 군사력 열세에 대한 언급이 빠지기 시작한 것은 1994년 김일성 주석 사망 이후 한반도에 대한 정세 인식이 바뀐 것과 연관돼 있어 보인다. 『1996 국방백서』는 "남북한 간의 국력 경쟁 구도는 실질적으로 종식되고 있는 단계"라고 쓰고 있다. 국방부가 남북 국력 경쟁이 끝났다고 스스로 선언하면서 여전히 남한의 군사적 열세를 말한다면 누구도 납득하기 힘들 것이다. 그렇기 때문에 방위비분담의 이유로 남한의 군사적 열세를 계속 언급할 수는 없었던 것이다.

주한미군의 '핵심' 역할?

『2016 국방백서』를 보면 방위비분담금을 한반도 방위에 대한 '주한미군의 핵심 역할'과 연관 짓고 있다. "방위비분담금은 한반도 방위의 핵심 역할을 하는 주한미군 주둔 경비의 일부를 우리 정부가 부담하는 것이다"라는 설명인데, 이 또한 납득하기 어렵다. 일단 주한미군의 핵심 역할이 무엇인지 구체적인 설명이 없으므로 알 수 없다. 유추해본다면 그것은 주한미군의 정보 전력 또는 핵억제력(핵우산)을 가리킨다고 볼 수 있다. 왜냐하면 주한미군의 고고도 정찰기 U-2나 정찰 위성과 같은 전략적 정보 자산은 한국이 보유하고 있지 않고 핵억제력은 미국에 의존하기 때문이다. 그러나 주한미군의 정보 전력이나 핵억제력을 이유로 주한미군이 한국 방위에서 핵심 역할을 맡고 있고 한국군은 보조에 그치고 있다고 할 수 있을까? 가장 기본적인 정보 전력은 영상 및 신호와 관련된 것들인데 한국군은 이를 자체적으로 확보하고 있다. 한국군 정보 전력에 대해 국방부는 2006년 「전시작전통제권 환수 문제의 이해」에서 "한국군은 대부분의 전략 전술 신호 정보와 전술 영상 정보를 스스로 확보할 수 있는 수준에 도달했다. 전술 레이더와 기타 특수 분야 정보도 거의 100% 독자적으로 확보하고 있다"라 밝히고 있다. 한국군이 독자적으로 한국 방어 작전을 수행하기에 충분한 정보 전력을 이미 갖추고 있다는 평가다. 또 한국군은 북한군에 비해 정보 전력이 압도적 우위에 있어 굳이 미국의 정보 전력에 의존하지 않더라도 작전상의 우위를 차지할 수 있다. 2016년 영국 국제 전략 연구소International Institute for Strategic Studies의 『밀리터리 밸런스Military Balance』에 따르면 남한은 영상 정보 수집기 24대, 신호 정보 수집기 4대를 보유하고 있는 반면 북한은 정찰기가 한 대도 없다. 또 남한은 군단급 무인정찰기인 송골매와 서처 및 100대의 무인 공격기를 운용하고 있다. 반면 북한의 무인기는 매우 조잡한 수준이어서 군사적인 의미가 불분명하며 질적으로 남한의 상대가 되지 못한다. 또 한국군은 이지스함에 실린 AN/SPY-1D(V) 레이더 3기, 피스아이 4대, 그린파인 레이더 2대를 갖추고 있어 북한의 탄도미사일에 대한 조기 경보 능력도 일정하게 갖추고 있다.

미국의 핵억제력(핵우산)은 불필요하다. 북한의 핵은 남한을 공격해 승리하기 위한 목적으로 개발됐다기보다는 미국의 대북 핵공격을 억제하기 위한 것으로 봐야 한다. "북한 지도부는 재래식 군사력의 결핍 때문에 억제와 방어에 초점을 맞추고 있다. 북한은 생존의 위협을 감지할 경우에만 핵무기를 사용할 것으로 보인다"라는 클래퍼 전 미국 국가정보국DNI 국장의 2013년 발언이나 "남한에 대한 북한의 어떤 대규모 공격도 강력한 반격을 불러올 것이다. 이 때문에 북한은 억지력 차원에서 핵과 탄도미사일 개발에 집중하고 있다"라는 플린 전 미국 국방정보국DIA 국장의 2014년 발언은 북한 핵이 대남 공격용이 아닌 대미 억지용임을 증언하고 있다. 북한이 핵을 보유하게 되었다고 하더라도 북한이 남한과의 전쟁에서 승리할 수 있는 것은 아니다. 북한이 핵을 보유하고 있지만 잠재적인 전쟁 수행력에서 남한이 앞선다는 점은 변하지 않기 때문이다. 국정원은 핵이나 화학 가스를 탑재한 북한 미사일 등에 의해 남한의 핵심 군사 시설이 피격된 상황에서도 남한이 주한미군을 제외하고서 북한에 비해 10%정도 군사적 우위에 있다는 남북 군사력 비교에 관한 보고를 2009년 청와대에 제출했다(≪신동아≫, 2010.3). 즉, 국정원 보고서는 북한이 핵을 보유하더라도 한국의 군사력으로 대북 전쟁 억지가 가능함을 인정하고 있다.

국방부가 2011년에 군대 간부 및 병사를 대상으로 실시한 남북 군사력 비교에 관한 여론조사를 보자. 「국정 감사 요구 자료」에서 공개한 내용에 따르면, 병사(2267명 대상)의 경우 한국군 우세 응답이 62.6%로 북한군 우세 응답 22.9%를 압도한다. 그런데 병사에 비해 훨씬 북한 정보를 더 잘 알고 있을 간부(1253명 대상)를 대상으로 한 조사 결과는 한국군 우세 응답이 72.6%로 북한군 우세 11.9%를 더욱 압도한다. 북한이 이미 핵을 보유한 상태였던 2011년 11월에 실시한 여론조사인데도 간부와 병사를 가리지 않고 한국군 우세라는 응답이 절대적으로 많다.

주한미군 장비는 대북 전쟁 억지에 필요할까?

주한미군 장비의 경제적 가치와 군사적 효용성

한국이 방위비분담금을 지급하는 것은 주한미군의 장비가 갖는 대북 전쟁 억제력에 대한 기대 때문이다. 과연 이런 기대는 합당할까? 주한미군 장비의 경제적 가치와 군사적 효용성 두 측면에서 따져보자. 한국 국방 연구원은 주한미군(미8군 2사단, 미 7공군)의 주요 장비 가치를 2004년 기준으로 100억 달러로 추정하였다. 주한미군은 자신의 장비 가치를 140억 달러로 추산한다(≪국방저널≫, 2000.11). 비교적 최근 자료로는 92억 달러(10조 1936억 원)라는 평가가 있다(≪국방연구≫, 2011.8).

그렇다면 1991년부터 2016년까지 미국에 지급된 방위비분담금은 얼마나 될까? 약 15조 원(129억 달러, 2016년 평균 환율 1160.50원 적용)정도다.

방위비분담금이 주한미군의 장비 가치를 뛰어넘는다. 방위비분담금을 주한미군에 지급하지 않고 한국군 전력 강화에 투자했다면 주한미군의 장비에 상응하는 전력을 우리 스스로 갖출 수도 있었다는 뜻이다. 이 점에서 방위비분담금은 한국군의 자주적 방위력을 갉아먹은 반면, 한국 국방의 대미 의존만 높이는 결과를 초래했다고 말할 수 있다.

주한미군 장비의 현황과 성격

주한미군의 장비는 실제로 어느 정도의 대북 전쟁 억제력을 가질까? 한국군이 주한미군에게 가장 의존하는 대북 억제 기능은 흔히 정보 자산으로 알려져 있다. 주한미군은 고고도 정찰기 U-2S 3대, 통신(신호) 전자 정보 수집기 RC-12N 가드레일, 통신 영상 정보 수집기 EO-5C 3대 , 전술 무인 정보 수집기 RQ-7(군단급) 등의 정보 자산을 한반도에서 운용하고 있으며 정찰 위성(적외선 감시 위성)을 통해 북한의 탄도미사일을 감시하고 있다. 그런데 한국군도 신호 전자 정보 수집기와 신호 영상 정보 수집기, 전술 무인 정보 수집기를 자체적으로 운용하고 있어 이 분야에서 군이 주한미군의 지원을 필요로 하지 않는다. 원거리 영상 정보 수집기인 RF-16(1개 대대, 20대) 정찰기는 100km까지 탐지가 가능하고 해상도 30cm급의 광학 및 적외선 카메라를 장착해 영상을 실시간으로 전송할 수 있으며 전자 정보 수집(엘린트) 능력을 함께 갖추고 있다. 이 정찰기는 눈과 비, 구름 등 악천후에도 고성능 카메라로 북한군 장비 종류까지 파악할 수 있다. 금강 정찰기(RC-800, 4대)는 탐지거리가 100km로 군사분계선 이남 지역을 비행하며 합성 개구 레이더를 이용해 북한의 남포에서 함흥을 연결하는 지역까지 영상 정보를 수집할 수 있다. 신호 정보 분야에 있어서도 백두 정찰기(RC-800B, 4대)는 북한 전역에서 특정 주파수로 오가는 무선 통신을 청취할 수 있다. 또 한국군은 군단급 전술 무인 정찰기(송골매, 서처)와 사단급 무인 정찰기를 독자적으로 개발해 실전 배치하고 있다. 주한미군이 한반도에서 운용하는 정보 전력에 의존하지 않더라도 한국군이 대북 방어 작전을 수행하는 것에 별다른 지장이 없다.

미국이 한반도에서 운용하는 전략적 정보 자산은 한국 방어 목적보다는 대북한 선제 공격 및 북한의 장거리 탄도미사일 감시 등 미국 방어 목적이 크다. 주한미군이 보유하는 지상 및 항공의 주요 전투 장비에는 2012년 기준 M1에이브럼스 전차(20여 대), M2·M3 브래들리 장갑차(110대), 에이태킴스 다연장로켓(40여 기), 패트리어트(60여 기), 아파치 공격 헬기(24대), A-10 대전차 공격기(24대), 정찰용 무장헬리콥터 OH-58D 카이오아 워리어(30대), F-16 전투기(72대) 등이 있다. 아파치, A-10, OH-58D 등은 대북 공격용 무기로 볼 수 있다. 왜냐하면, 남한의 전차 전력은 북한에 비해 수량은 뒤질지 모르지만 제1세대 및 제2세대가 주종인 북한의 전차 전력과 달리 제3세대 전차 1568대(K1 1000대, K1A1 484대, T-80U 80대 등)를 보유하고 있어 질적으로 북한을 압도하기 때문이다. 이 점에서 주한미군이 보유한 전차와 A-10기, 아파치 헬기 등 대북 전차 전력은 방어용으로 보면 과잉 장비이며, 공격용 무기로 봐야 설명 가능하다. 남한은 공군 전력에서도 북한을 훨씬 앞선다. 남한은 F-15K 60대, KF-16 168대 등 4세대 전투기가 주력이지만 북한이 보유한 전투기는 KF-16과 비슷한 성능인 미그-29 20여 대 및 그 외의 남한 공군에서 곧 퇴역하는 F-5급이거나 그보다 아래의 노후화된 기종이 대부분이다. 그러한 상황에서 주한미군 장비는 대북 전쟁 억제에 기여하기보다는 북한에게 경계심을 불러일으켜 한반도에서 군비 경쟁을 촉발시키는 역할을 한다.

방위비분담금과 주한미군의 성격

방위비분담금이 한국 방위를 위해 쓰인다고 생각하기 쉽다. 하지만 과연 그럴까? 방위비분담금이 주한미군을 보조하는 돈이므로, 이는 결국 주한미군의 성격과 직결되는 것이다.

선제공격을 위한 4D 작전 개념과 '작전계획 5015'

주한미군 사령관은 한미연합사령관으로서 한국 방어 임무를 수행한다. 그런데 작전 내용을 보면 한국 방어와는 거리가 있다. 한미동맹의 대북 군사 전략은 '맞춤형 억제 전략'으로 불린다. 이 전략은 북한의 핵 미사일 위협을 사용 위협·사용 임박·사용의 3단계로 구분하고 사용 임박(미사일에 연료 주입 또는 발사 명령 포착)단계에서 북한을 선제공격하는 것이다. 한미연합사령부는 맞춤형 억제 전략을 바탕으로 '4D 작전 개념'을 수립하고 이를 작전 계획으로 발전시키고 있다. 4D 작전 개념은 '탐지detect·교란disruption(북한 지도부 제거를 포함한 지휘 시설 및 지원 시설 무력화)·파괴destruct(이동식 미사일 발사대 파괴)·방어defend(생존한 미사일 요격)'를 뜻한다. 한미연합사의 '작전계획 5015'는 4D 작선 개념에 입각해 작성된 것이다. '작전계획 5015'는 2016년 3월 한미 합동 군사 훈련(키리졸브·독수리 연습)에서 공개된 것처럼 대북 선제공격, 평양 진격, 참수작전

(북한 지도부 제거) 등을 핵심 내용으로 한다. 주한미군이 수행하게 될 대북 공격 및 점령 임무는 침략을 부인하고 평화통일을 규정한 우리 헌법에 위배되며 외부의 공격이 있을 경우에 한정해 발동하게 되어 있는 '한미 상호 방위 조약'에도 어긋난다. 대북한 선제공격은 전쟁을 불법으로 규정한 유엔 헌장 제2조 제4항에 어긋나며 유엔 헌장 제51조에서 인정하는 개별 자위권 또는 집단 자위권 어디에도 해당되지 않는다.

주한미군의 대북 공격 임무 보조하는 유엔사

주한미군 사령관은 유엔군 사령관을 겸하고 있다. 유엔사는 두 가지 기능을 갖는다. 하나는 정전협정을 체결한 당사자로서 정전을 관리하는 기능이다. 또 하나는 대북 전쟁 수행 기구로서의 기능이다. 정전 관리는 한국 방어 임무와 연관 지을 수 있다. 하지만 유엔사의 정전 관리 임무는 이제 한국군이 주도한다. 유엔사의 판문점 공동경비구역JSA 경비 임무는 2004년부터 한국군이 맡고 있다. 그렇기 때문에 유엔사의 오늘날의 주 임무는 대북 전쟁 수행 기구로서 주한미군을 보조하는 역할이다. 유엔사는 한반도 유사시 유엔사 파견국 군대들을 수용하고 통합하는 상설적인 틀로 기능한다. 유엔사는 또 한국 및 태평양 지역에서 실시되는 다국적군 훈련에 유엔사 파견국 군대의 참여를 조직하고 일본에 있는 유엔사 후방 기지(7군데로 요코다, 요코스카, 후텐마 등 주요 주일미군 기지 포함)를 관리하는 임무도 맡고 있다. 대북 전쟁 수행 기구로서의 유엔사의 주한미군 보조 임무는 한미연합사의 '작전계획 5015'에 따라서 수행된다. 그러므로 유엔사의 보조 임무 역시 대북 공격 및 점령의 범주에 속한다.

주한미군의 전략적 유연성

한미는 2006년 1월 19일 주한미군의 전략적 유연성에 합의했다. 주한미군은 전략적 유연성에 따라 남한에 고정된 붙박이 군대에서 동북아 등 지역 분쟁에 언제든지 전개될 수 있는 신속 기동군으로 전환되고 있다. 지역분쟁에 주한미군이 개입한 사례로는 2004년 미 2사단 2여단 4000명의 이라크 차출, 2009년 주한미군 소속 아파치 헬기 1개 대대 24대의 이라크 차출, 2010년 주한미군 아파치 공격 헬기 1개 대대 및 500명의 아프가니스탄 차출(한국 정부와 아무런 사전 논의 없었음) 등이 있다. 주한미군의 주둔 형태도 지역적 임무 수행에 대비하여 순환 배치 형태로 바뀌고 있다. 2004년 이래 미 본토의 F-16 전투기(12대)가 군산 및 오산 공군기지에 번갈아가며 순환 배치되고 있다. 2015년에는 미 2사단의 고정 주둔군인 제1기갑 여단이 해체되고, 그 대신 본토 주둔 1기병 사단 소속 제2기갑 여단(4500명)이 순환 배치돼 주한 미 2사단 및 한미연합사단에 배속되었다. 제2기갑 여단의 순환 배치는 미 육군의 지역협력군 RAF 구상에 따른 것이다. 『전략 다이제스트Strategic Digest』에 따르면 지역협력군은 "전략적 지점에 병력을 순환 배치하여 전략적 지상력landpower(해양력이나 항공력에 대응하는 개념)을 운용 가능하게 하며 미 육군의 미래상인 지구적 대응 능력을 달성한다"는 구상이다(주한미군 J5 전략커뮤니케이션처, 2016). 즉, 주한미군 기지는 단순히 대북 방어 임무를 수행하는 곳이 아니라 중국과 러시아의 군사력을 견제하는 전략적 역할을 수행하는 곳으로서 자리 매김하는 중이다.

주한미군의 주요 지역 임무 중에는 중국 견제가 있다. 사드의 한국 배치는 주한미군의 중국 견제 임무가 본격화하는 신호탄이다. 사드는 표

면상 북한 핵미사일 위협으로부터의 한국 방어를 표방하지만 최소 2000km를 넘는 레이더의 탐지 범위와 탄도미사일의 조기 탐지능력 및 가짜 탄두 식별 능력을 볼 때 북한 및 중국의 중장거리미사일, ICBM으로부터 미국과 일본을 방어하는 것이 실제 목적이라 할 수 있다. 또 한국에 순환 배치되는 미 육군이나 공군의 임무에는 한반도 유사시 중국군의 북한 진입 견제, 동중국해 및 남중국해에서의 중국군 활동 감시 및 견제, 중국과 대만의 양안 분쟁 시 개입, 극동러시아군 견제 등의 임무도 포함될 것이다.

중동 분쟁에의 주한미군의 참전은 '한미 상호 방위 조약'에서 규정한 외부 공격으로부터 한국 영역 방어 임무와는 관계가 없다. 한미연합군이 북한을 공격하여 점령하는 상황이 아니라면 중국군의 북한 진입은 상정하기 어렵기 때문에 주한미군의 중국군 견제도 한국 방어 임무와 관련이 없다고 할 수 있다. '한미 상호 방위 조약'과 전략적 유연성은 서로 충돌한다. 하지만 전략적 유연성 합의는 국회 비준을 거치지 않은 것이어서 '한미 상호 방위 조약'이 법적 우위에 있다.

한국 방어와 관련된 주한미군의 임무는 정전 관리밖에 없다. 그런데 정전 관리에는 제한된 인원만 필요하고 더욱이 한국군이 정전 관리를 주도하고 있어 이를 위해 3만 명에 가까운 대규모의 주한미군 병력 주둔은 불필요하다. 주한미군은 사실상 한국 방어와는 무관한 미국 자신의 한반도 및 지역적 패권 이익을 위해 주둔하고 있다. 그렇기 때문에 방위비분담금이 주한미군의 임무 수행에 쓰이는 것은 한반도 및 동북아시아 지역 그리고 세계의 평화에 반한다.

한반도 전력 불균형 심화시키는 방위비분담금

북한의 국방비는 스톡홀름 국제평화연구소SIPRI 2014년 기준 8억 2500만 달러이다. SIPRI가 달러로 북한 국방비를 발표한 것은 2014년이 처음이다. 2014년 방위비분담금이 8억 740만 달러(9200억 원)이므로 한국은 주한미군에게 북한의 한 해 국방비보다 더 많은 돈을 준 셈이다. 2014년 기준으로 남한의 국방비는 366억 7700만 달러로 북한 국방비보다 44배 많다. 그렇지 않아도 남북의 전력 격차가 갈수록 커지는 상태에서 매년 북한의 한해 국방비를 넘는 돈이 주한미군에게 지급된다면 한미연합군과 북한군의 전력 격차는 더욱 크게 벌어질 수밖에 없다. 여기에, 방위비분담금에 의해서 주한미군의 전력이 최신으로 증강되면 북한은 물론 중국이나 러시아를 자극해 동북아시아 지역의 군비 경쟁도 촉발된다.

2. 방위비분담금은 한국 경제에 기여할까?

방위비분담금은 결국 한국에 환원된다?

2014년 스캐퍼로티 당시 주한미군 사령관은 "방위비분담금은 주한미군 고용 한국인 노동자의 급여, 한국의 납품 용역 업체, 한국 건설 사업에 지출됨으로써 한국 경제를 촉진한다"라면서 방위비분담금이 한국 경제에 기여하는 점을 강조했다. 국방부도 2016년 『방위백서』에서 "방위비분담금의 90% 이상은 우리나라의 장비·용역·건설 수요와 한국인 노동자의 일자리를 창출하여 내수 증진과 지역 경제 발전에 기여함으로 써 국내 경제에 환원된다"라고 말했다.

그러나 방위비분담금이 한국에 환원된다는 사실만 가지고 한국 경제에 도움이 된다고 말하는 것은 눈속임이다. 방위비분담금으로 구입하는 재화와 용역은 단순한 노무적 성격의 것이 대부분이고 산업 파급 효과도 별로 기대할 수 없다. 가장 많은 방위비분담금이 투자되는 군사 건설은 막사, 군인 숙소, 교회, 식당, 헬기장 등 기술을 특별히 필요로 하지 않는 단순 건설 사업이며 산업 생산 시설이 아니다. 군수 지원 사업도 탄약 저장 관리, 전쟁 예비 물자 정비 등 산업 기술과 관계가 없는 단순 노무 성격의 용역 사업이다. 군수 지원 중에서 유일하게 국내 산업 활동의 일환으로 볼 수 있는 것이 미군 항공기 정비다. 그러나 대한항공 등에서 수행하는 미군 항공기 정비는 기술 집약적인 고부가가치 산업으로서의 항공기 정비가 아닌 인건비 비중이 높은 단순 기체 정비가 대부분이어서 민간 항공기 정비 기술 향상에 도움이 되지 않는다. 기술 집약적인 미군 항공기 정비 사업은 미국 기업이 수행한다. 그리고 방위비분담금이 한국 경제로 다 돌아오는 것도 아니다. 군사 건설비의 12%는 현금으로 미국에 지급된다. 또 군수 지원도 100% 한국에 환원된다는 한미 당국의 말과는 달리 한미 합작 기업이 군수 지원 사업에 참여할 수 있기 때문에 국내로 환류가 모두 이뤄진다고 볼 수 없다.

방위비분담금의 한국 경제 기여론은 매년 1조 원 가까운 방위비분담금을 생산적인 사업에 투자하지 못함으로써 발생하는 기회비용을 무시하고 있다. 방위비분담금은 부가가치가 높은 국내 산업, 고용 유발 효과가 높은 사회복지 사업, 북한과의 경제 협력 사업 등에 투자할 경우 얻을 수 있는 이익을 포기하는 것이다. 또한 방위비분담금의 한국 경제 기여론은 주한미군 주둔에 따라 개발이 제한되거나 지역 산업 구조가 왜곡되거나 환경이 오염되는 등 주민과 지자체들의 재정적·경제적·정신적 피해를 도외시한 주장이다. 경기연구원은 경기 북부 지역(의정부, 동두천, 파주)이 1952년부터 2011년까지 60년간 미군 기지 부지를 경제적으로 활용하지 못함으로써 입은 피해액이 38조 원(연평균 6333억 원)에 이른다는 분석을 내놓고 있다(≪한겨레≫, 2012.9.25). 또, 주한미군 기지가 집중되어 있는 동두천은 유통 및 음식 숙박, 오락 중심의 영세한 지역 경제 구조, 지역 개발의 장기 봉쇄, 미군 공여지로 인한 지자체 세수 손실 등으로 오랜 기간 낙후를 벗어나지 못하고 있다. 미군 공여지로 인한 지방세 결손이 경기 북부 지역(당시 미군 공여 면적 4425만 평)에서만 1050억 원에 이른다는 연구도 있다(안병용, 2002).

미군 주둔에 따른 한국의 경제적 손익

미군 주둔에 따른 한국의 경제적 손익은 어떻게 될까? 자세히 살펴보면 다음과 같다.

주한미군의 소비 및 지출

2014년 9월 30일 기준 주한미군은 군무원을 포함해 3만 4333명(미군 가족 제외)이 한국에 근무한다. 주한미군은 직접 자신의 소득의 일부를 한국에서 지출하기도 하고 또 한국인 노동자들을 고용하는 등 경제 활동을 한다. 이러한 방식으로 주한미군은 한국 경제에 얼마나 기여할까?

주한미군은 기본적으로 자급자족한다. 한국에 있는 미국 군인과 군무원(부대 근무 미국 민간인), 그들 가족의 일상생활은 하나의 자급적 체계를 이루고 있다. 모든 주한미군 사령부나 기지는 기본적으로 필요한 물품에서 오락에 이르는 모든 것을 제공하는 광범위한 시설을 갖추고 있다. 때문에 주한미군이 한국을 상대로 하는 소비는 그들 소득의 극히 일부에 지나지 않는다. 관변 기관인 한국 국방연구원은 미군 소득의 10% 정도가 한국에서 소비되는 것으로 추정한다.

주한미군의 소비 활동은 한국에서 크게 3가지 경로를 통해 이뤄진다. 첫째는 주한미군이 고용하는 한국 노동자들에 대한 임금 지급이 있다. 2014년 기준 주한미군이 고용한 한국인 노동자는 1만 2190명이며, 예산 기관 노동자가 9025명, 비예산 기관 노동자가 3165명이다. 예산 기관 노동자의 경우 방위비분담금에서 급여의 약 71%가 지급된다. 따라서 예산 기관 노동자 급여의 약 29%와 비예산 기관 노동자 급여 전체를 국내 경제 기여분으로 볼 수 있다. 둘째는 주한미군이 필요로 하는 재화와 용역의 구매를 위한 한국 기업과의 계약이다. 군사·부대 관련 시설 건설을 위한 미 극동공병단의 한국산 자재 구입, 주한미군 계약사령부의 부대 운영을 위한 일반 물자 및 서비스 구입, 미군 교역처AAFES 및 국방식품청Defense Commissary Agency의 한국산 물품 구입 등이 그것이다. 셋째는 주한미군 및 군무원의 개인적인 소비 지출이다. 관광, 외식, 한국산 가전제품 구매, 영외 거주자들의 집세 등이 포함된다. 보통 미국 군인 및 군무원의 가처분소득 가운데 대략 10% 내외의 금액이 원화 지출되는 것으로 추정된다. 한국 국방연구원이 추정한 자료에 의하면 2004년 기준 주한

표 5-1 주한미군 주둔에 따른 한국의 경제적 손익 비교   (단위: 억 원)

한국 지출		주한미군 지출	
방위비분담금	7,469	한국인 노동자 급여	3,104
시설 부지	176	개인 소비	2,181
카투사	184	주택 임차 비용	2,310
한미연합사 분담금	31	업체 계약	3,598
미군 기지 이전	116	시설 건설	2,747
이라크 파병	2,618	기타	1,030
부동산 임대료 평가	5,852		
미국 무기 구입	13,499		
합계	29,945	합계	14,970

자료: 대한민국 국방부, 「국방부 소관 결산 관련 요구 자료」(2005); 한국 국방연구원, 「한미동맹의 경제적 역할 평가 및 정책 방향」(2005).

미군이 한국에서 지출한 금액은 13억 1000만 달러였다.

한국의 지출

주한미군을 위해 한국이 지출한 비용을 보면 2004년을 기준으로 방위비분담금 7469억 원, 시설 부지 지원 176억 원, 카투사 지원 184억 원, 한미연합사령부 분담금 31억 원, 이라크 파병(자이툰 부대 운영비, 이라크

재건비, 동맹군 지원 등) 2618억 원, 주한미군 이전 사업비 116억 원 등이다. 그 외에도 미군 공여지의 토지 임대료 평가액 5852억 원을 한국의 비용에 포함시켜야 한다.

한국의 미국 무기 구입도 일종의 방위비분담금에 해당된다. 한국의 미국 무기 구입은 방위비분담금과 같이 특별협정을 맺어서 강제되는 것은 아니다. 그렇지만 한국의 수입 무기 가운데 80% 이상을 미국에서 도입하는 것은 미국과의 군사 동맹을 맺은 데 따른 파생적인(준의무적) 경비로 봐야 한다. 미국은 주한미군과의 상호 운용성을 명분으로 사실상 한국에 미국 무기 구입을 강제하고 있다. 이 점에서 미국 무기 구입은 거의 반강제에 가깝다. 국방부가 국회에 제출한 결산 자료에 따르면 2004년 한국의 해외 무기 구매액은 1조 7078억 원(수리 부속 해외 조달 3555억 원 포함)이다. 이 중 79%인 1조 3499억 원을 미국에 지불했다(덧붙여서, 한국은 2006년부터 2015년까지 미국에서 36조 360억 원 상당의 무기를 수입했다).

이러한 기준을 적용하여 주한미군 주둔에 따른 한국의 경제적 손익을 따져보면 2004년 한 해를 기준으로 할 때 수익이 1조 4970억 원, 지출이 2조 9945억 원이다. 즉, 한국은 1조 4975억 원 손해를 본 것이다.

주한미군이 있으면 국방비가 절약될까?

미군이 주둔하여 국방비가 절약되고 있다고 흔히 생각하기 쉽다. 그동안 정부는 줄곧 그런 주장을 펴왔다. 『1989 국방백서』의 "주한미군 없이 우리가 독자적으로 북한의 위협에 대처해왔다면 그동안 엄청난 국방비 지출이 불가피하였을 것이며 따라서 오늘날과 같은 수준의 경제 발전은 지연되었을 것"과 같은 주장이다. 한국 국방연구원은 2005년 "미군 주둔에 따른 국방비 절감 효과로 국방비 부담률은 약 1.5배 감소했고 이로 인한 경제 성장 효과가 발생"했다는 구체적인 수치까지 제시했다. 하지만 미국의 극동 전략에 복무하는 주한미군과 동맹을 맺고 이에 발맞추다보니, 한국은 지속적으로 지불 능력을 훨씬 상회하는 국방비를 지출했으며 이는 한국의 자립적인 경제 발전에 큰 부담으로 작용했다.

1950~1960년대 한국의 무거운 국방비 부담과 경제 성장

주한미군은 정전 이후 닉슨의 괌 독트린으로 2만 명이 철수하는 1971년까지 대체로 5만에서 7만 명 수준을 유지했다. 2016년 기준 주한미군 2만 8500명보다 1.8~2.5배 많은 규모다. 당시는 미국의 한국 원조가 집중적으로 이뤄진 시기이기도 하다. 미국의 대한 무상 원조는 1954~1962년 23억 달러에 달하였으며 그 대부분(19억 달러)이 국방비에 투입되었다.

1960년을 예로 들면 한국의 국방비는 147억 원으로 정부 지출 420억 원의 35.0%를 차지하였다. 이런 국방비 부담률이 경제에 얼마나 큰 부담이 됐을 것인가는 다른 나라와 비교해보면 쉽게 알 수 있다. 1960년 기준으로 정부 지출 중 국방비 비중은 선진국인 영국 19.4%, 프랑스 23.9%, 스웨덴 17.9%, 캐나다 27.6%였고 후진국에 속하는 인도 15.5%, 태국 20.9%, 필리핀 16.6%, 터키 18.4%, 그리스 26.3%, 버마 33.6%로 선·후진국을 가리지 않고 모두 한국보다 낮았다. 미국만 48.7%로 한국보다 높았다. 국방비를 절약해서 경제 발전을 이뤘다는 주장은 우리 국방비의 부담률이 다른 나라에 비해 훨씬 무거웠다는 점에서 사실이 아니다.

1960년도 국방비 재원 구성을 보자. 147억 원 가운데 미국 원조 자금(원조 물자 판매 대금)이 41.6%, 한국은행 차입금이 5.4%, 세금이 58.2%였다. 즉, 국방비 거의 절반이 미국 원조 및 차입금으로 채워졌다. 그런데 147억 원은 정부 예산상의 국방비일 뿐이다. 여기에 미국의 군사 원조를 더해야 한다. 1960년 미국의 군사 원조(방위 지원)는 110억 원이었으며 군 장비 증강과 유지비에 각각 절반씩 지원되었다. 정부 예산상 국방비와 미국 원조를 합친 총 국방비는 250억 원이며 이는 그 해 정부 예산 420억 원과 비교하면 그 규모가 얼마나 큰 것인지 알 수 있다. 총 국방비 중 미국 원조가 63.6%를 차지한다. 한국은 1950~1960년대에 국민의 세금, 미국의 경제 및 군사 원조, 차입금 등 동원할 수 있는 국가의 자원을 대부분 국방에 쏟아붓고 있었고 그 때문에 사실상 경제 발전에 신경 쓸 여력이 없었다.

고려대 사회경제연구소는 1957년부터 1963년까지 국방비 부담으로 인한 성장 억압에 대해 1965년 『국민소득과의 관련에서 본 국방비』라는 연구에서 다음과 같이 언급했다. "국방비의 자본 형성에의 전용이 가능하였더라면 그 결과로 실현될 성장률은 6.9%에 달하였을 것이며 따라서 1인당 소득증가율도 그동안의 실적치 2.0%를 배가하는 연평균 4.0%의 고율에 달할 수 있었다는 계산이 된다. 이렇게 볼 때 국방비 부담으로 말미암아 한국 국민은 그동안 매년 그렇지 않았을 경우에 가능하였을 1인당 소득 증가의 절반밖에 실현시키지 못한 결과가 되는 것이다"라는 것이다. 그렇다면 왜 한국은 스스로 감당할 수 없는 국방비 부담을 져야 했을까?

60만 한국군 병력 유지와 미국의 극동 전략

미국은 한국전쟁이 끝난 뒤 중국 봉쇄를 위한 미국 극동 전략의 요구로부터 한국군 병력 상한선을 1954년 체결된 '한미 합의의사록'에 72만명으로 규정했다. 72만이라는 숫자는 그 수준까지는 미국이 군사 및 경제 원조를 하고 이를 넘어서는 병력에 대해서는 한국이 비용을 부담하라는 뜻에서 정한 기준선이었다. 72만 병력은 당시 한국의 경제력, 북한 병력(1955년 기준 41만 명)등을 고려할 때 과도한 수준이었다. 미국도 원조를 감당할 수 없었기 때문에, 1958년 4만 7000명 병력을 줄였고 한국군은 63만 명(이미 경제적 부담 때문에 67만 명 정도였음)이 되었다. 이 역시 미국 원조 없이는 유지될 수 없는 수준이었다. 장면 정권은 경제 개발을 위해 군 병력의 10만 명 감축을 총선 공약으로 내걸었지만 미국 및 한국 군부의 반대로 3만 명 감축(1960년)에 그쳤다. 중국 봉쇄라는 극동 전략을 고수하는 미국은 한국군 병력이 60만 이하로 줄어드는 것을 허용하지 않았다.

거대한 한국군 병력 유지로 국방비를 절감한 것은 미국이지 한국은 아니다. 미국의 한국경제조사단이 1953년 6월 펴낸 보고서(일명 타스카 보고서)는 "미군 10만 명의 병력 유지비는 급여와 여타의 개인 지출 비용으로 3억 7800만 달러가 드는 반면에 한국군 동일 병력을 유지하는 데는 (비용이) 8분의 1만 지출된다"라고 적고 있다. 즉, 미국의 대중국 봉쇄 전략을 실행하는 것에 있어서 값싼 한국군 병력을 대규모로 유지하는 것이 미국 입장에서 훨씬 경제적이라고 판단한 것이다.

동맹을 맺으면 국방비가 절약될까?

국방비 부담률 높은 미 동맹국들

동맹은 국방비를 절약해줄까? 안보 '무임승차론'에 따르면 대국과 동맹을 맺는 소국들은 독자적으로 방위를 할 때보다 국방비를 더 적게 써야 한다. 적어도 동맹국들이 동맹을 맺지 않은 나라에 비해서 국방비 부담이 더 적어야 동맹은 효용성을 주장할 수 있고 안보 무임승차론도 설득력을 가질 수 있다.

그런데 GDP 대비 국방비 부담률이 높은 나라들은 거의 대부분 미국의 강력한 동맹국들이다. 반면 비동맹국가들이나 미군이 주둔하지 않은 나라들은 경제가 발전됐건 발전되지 않았건 거의 예외 없이 국방비 부담률이 아주 낮다.

SIPRI에서 2016년 발간한 전 세계 군사비 지출 현황에 대한 보고서를 보면 2015년 기준 GDP 대비 국방비 비중이 2.0% 이상인 나라들은 프랑스(2.1%), 터키(2.1%), 폴란드(2.2%), 한국(2.6%), 그리스(2.6%), 파키스탄(3.4%), 이스라엘(5.4%)로 모두 미국 동맹국들이다.

독일(1.2%), 일본(1.0%) 같은 나라도 있지만 이 두 국가는 제2차 세계대전 패전국으로서의 특수한 사정이 작용한 것이다. 일본은 평화헌법의 제약 때문에 국방비를 GDP의 1.0%로 제한해왔고 독일은 승전국인 연합국이 독일 군사력을 엄격하게 통제하는 데에 더해 스스로 반전평화주의를 추구한 결과다. 하지만 일본과 독일의 국방비 부담률도 국방비 부담률이 1% 미만인 비동맹국들과 비교하면 낮은 것은 아니다.

비동맹국들을 보면 2015년 기준으로 GDP 대비 국방비 비중이 나이

지리아 0.4%, 베네수엘라 0.6%, 스위스 0.7%, 오스트리아 0.7%, 멕시코 0.7%, 남아프리카공화국 1.1%, 아르헨티나 1.2%, 브라질 1.4%, 카자흐스탄 1.2%, 뉴질랜드 1.2%, 방글라데시 1.3%, 탄자니아 1.5%, 중국 1.9%로 모두 2.0% 미만이다. 비동맹국 가운데 2%를 넘는 나라는 이란(2.5%), 베트남(2.3%) 정도다.

중동 국가들의 경우 미국의 동맹국인 쿠웨이트는 3.4%, 바레인은 4.6%, 아랍에미리트는 5.7%, 사우디는 13.7%, 오만은 16.2%다. 반면 비동맹국가인 레바논은 4.1%, 요르단은 4.2%, 예멘은 4.5%다. 역시 미 동맹국의 국방비 부담률이 높다. 북유럽의 경우 비동맹국들의 부담률을 보면 스웨덴 1.1%, 핀란드 1.3%인 데 반해 나토 회원국인 노르웨이는 1.5%다.

83개 개발도상국을 대상으로 한 「개발도상국의 군사비 결정 요인The Determinants of Military Expenditures in Developing Countries」라는 논문에 따르면 동맹에 대한 밀착도가 높은 국가가 그렇지 않은 국가보다 GDP 대비 국방비가 약 2% 포인트 높고, 중앙 정부 예산 대비 국방비로는 6.0~7.5% 포인트 높다(Maizels and Nissanke, 1986).

동맹은 약소국을 미국의 전략에 동원하는 수단?

미국의 GDP 대비 국방비 비중이 3.3%로 다른 나라들에 비해 높은 것은 미국이 세계 군사 패권을 유지하기 위해 군사력을 세계적 범위에서 공격적으로 운용하기 때문이다. 「미군 기지 구조 보고서」에 의하면 미국은 2014년 기준 42개국에 587개 기지를 두고 있다. 또 미국은 자국 국민을 각종 전쟁에 동원하기 위해 군인들에게 높은 급여와 각종 특혜를 주고 있다. 예를 들어, 미국 정부의 군인 퇴역연금 기여금은 미국 노동자들의 퇴직연금 기여금(보험료)보다 10배나 많다(게다가 군인들은 기여금에서 자기 부담액이 없음).

미국의 동맹국들이 비동맹국들에 비해 국방비 부담률이 높은 것은 동맹이 미국의 세계 패권 전략의 수단으로 이용되기 때문이다. 미국이 동맹을 맺는 것은 순수하게 동맹국을 방어하기 위해서가 아니다. 미국은 동맹국을 미국의 지역 및 세계 패권 전략에 편입시킴으로써 동맹국이 자신의 방위 수요를 넘어서 공격적인 군사력을 육성하고 운용하도록 강제한다. 미일동맹이 일본 방어에서 시작하여 점차 그 지리적 활동 범위를 넓혀 마침내 지역 및 지구적 범위에서 미일 공동의 군사 작전을 수행하는 동맹으로 전환되고 있는 것은 그 좋은 예다. 한미동맹도 2009년 '포괄적 전략 동맹'을 표방함으로써 한국 방어를 넘어서 지역 및 세계적 범위에서 미국과 공동 군사 작전을 수행하는 동맹으로 전환되고 있다. 2016년 한국의 사드 배치 결정이나 한일 군사비밀정보보호협정GSOMIA 체결도 한미동맹이 북한 및 중국을 공동의 적으로 하는 한미일의 지역적 집단 방위 동맹으로 전환되고 있는 징표다. 한국이 나토 주도의 아프가니스탄 국제 안보 지원군에 참여(2010년)하고 개별 파트너십 협력 프로그램을 체결(2012년)하는 것도 한국을 지구적 범위에서 활동하는 동맹에 합류시키려는 미국의 구상이라 할 수 있다.

미군 기지와 지역 경제

동두천 미군 기지 현황
동두천은 의정부, 파주와 함께 미군 기지가 많은 대표적인 지역이다.

동두천의 미군 기지는 시 전체 면적 95.66km^{2}의 42.5%를 차지하며 전국의 기지 공여 면적 242km^{2}의 16.8%에 해당된다. 동두천의 미군 기지 가운데 2016년 기준 캠프 님블과 짐볼스 훈련장, 캠프 캐슬 일부가 반환됐고 캠프 호비, 캠프 케이시, 캠프 모빌, 캠프 캐슬 등 28.5km^{2}가 미반환 상태다. 2016년 기준 반환된 미군 기지 중 캠프 캐슬 부지만 동양대학교가 설립되어 활용하고 있고 나머지는 민간 자본을 유치하지 못해 미개발 상태이거나 한국군이 사용할 계획이다.

동두천은 시 전체 면적의 24%(23km2)가 군사 시설˙보호 구역으로 지정돼 있다. 군사 시설 보호 구역은 건축, 토지 형질 변경, 산지 전용, 농지 전용을 하려면 군부대와 협의를 해야 한다. 당연히 주민들의 재산권 행사가 제한된다. 미군 공여지(현재 사용하지 못하는 면적 포함)와 군사 시설 보호 구역 면적을 합치면 전체 동두천 면적의 66.5%에 달한다.

높은 미군 기지 의존도

2003년 기준으로 동두천의 미군 관련 경제 규모는 1250억 원으로 동두천 지역총생산GRDP 7800억 원의 16%를 차지했다. 미군 관련 종사자 수(미군 관련 자영업소 400여 개 종사자와 미군 부대 근무 한국인 노동자 1500여 명)는 대략 2500여 명으로 시 전체 취업자 수 1만 9032명(2003년 기준)의 13.1%를 차지했다. 동두천 경제에서 미군 기지가 차지했던 높은 비중에 대해 '동두천 주민이 미군 기지 덕을 봤던 것'이라고 말할 수 있을까? 단도직입적으로 이는 사실 왜곡이고 본말이 전도된 것이다. 미군 기지 의존도가 높게 나오는 것은 동두천 대부분 지역이 미군 기지나 군사 보호 구역으로 묶여 있어 동두천시의 독자적인 발전이 불가능하고 주민들

또한 재산권 행사를 할 수 없어 경제 활동이 원천적으로 제약된 결과이기 때문이다.

동두천은 '기지 경제'가 갖는 문제점들을 잘 보여준다. 첫째, 기지가 토지와 노동력을 제조업이나 농업으로부터 대량으로 흡수하기 때문에 물적 생산 기반을 약화시키고 그 결과 서비스업이 비대화된다. 둘째, 경제가 '기지 수입'을 지렛대로 하여 움직이므로 경제 활동이 주민 생활 향상과 동떨어진 채 군사 활동과 군사 기지의 유지·발전 중심으로 편성되는 왜곡된 구조를 갖는다. 셋째, 기지 수입 증가에는 한계가 크고 기지 수입이 줄면 도시 자체가 흔들리며 동요한다.

기지 경제의 부정적 특성

2014년 동두천시의 산업 구조를 보면 가치를 창출하는 제조업체가 시 전체 산업에서 차지하는 비율은 20.0%(피고용인 기준, 사업체 수를 기준으로 하면 6.6%)로 인접한 양주시의 44.0%보다 훨씬 낮고 경기도 평균 27.0%보다 낮다. 반면 동두천의 도소매 및 음식 숙박업 비율은 27.4% (사업체 수 기준 47.8%)로 경기도의 15.1%, 전국 25.5%보다 많다. 사업체 규모로 보면 동두천은 50인 미만 사업체가 전체 사업체 수의 55.6%를 차지할 정도로 매우 영세하다. 산업 구조로 볼 때 동두천은 기술과 자본을 필요로 하지 않는 영세한 소자본 유통업과 소비 지향적인 음식 숙박업 등이 중심을 이루는 기지 경제의 특성을 나타낸다.

동두천은 미군 기지가 시 면적의 거의 절반을 차지하기 때문에 세수 손실이 다른 지역보다 클 수밖에 없다. 2014년도 동두천시의 세수입은 649억 원이다. 미군 기지가 동두천시의 42.5% 면적을 차지한다는 점을

그림 5-1 동두천시 미군 기지 현황

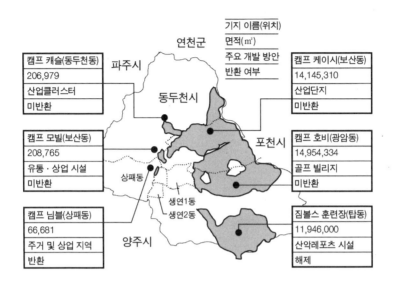

기지 이름(위치)
면적(㎡)
주요 개발 방안
반환 여부

연천군

파주시

동두천시

포천시

양주시

캠프 캐슬(동두천동)
206,979
산업클러스터
미반환

캠프 모빌(보산동)
208,765
유통·상업 시설
미반환

캠프 님블(상패동)
66,681
주거 및 상업 지역
반환

상패동

생연1동
생연2동

캠프 케이시(보산동)
14,145,310
산업단지
미반환

캠프 호비(광암동)
14,954,334
골프 빌리지
미반환

짐볼스 훈련장(탑동)
11,946,000
산악레포츠 시설
해제

자료: 동두천시 홈페이지 자료를 참고하여 박기학 작성(2017).

감안하면 (미군 기지가 일반적인 경제 활동에 활용된다고 가정한 것과 비교할 때) 세수 손실은 연간 480억 원으로 추정된다. 이는 2016년도 동두천시 예산 3364억 원의 14.3%에 해당하는 매우 큰 액수다. 이러한 세수 손실은 동두천시의 낮은 재정 자립도의 중요한 원인이다. 동두천시의 재정 자립도는 2016년 기준 14.7%로 양주시 33.8%의 절반도 되지 못하고 경기도 내 최고인 성남시 56.8%와 비교하면 4분의 1밖에 되지 않는다. 경기도 31개 시·군 가운데 최하위다. 미군 기지로 인해 지역 산업이 낙후

한 데다 주한미군은 지방세 면제 대상이기 때문에 동두천시의 재정자립도는 낮을 수밖에 없다.

또 동두천은 주한미군 공여지와 관련하여 도로 정비 사업에 국비와 시비를 합쳐 2015년 159억 원, 2016년 87억 원, 2017년 91억 원의 예산을 투입했다. 주한미군의 전차나 대형 차량이 빈번히 이동하면서 도로 파손 등이 계속 발생하기 때문이다. 주한미군 공여지가 있는 동두천으로서는 주한미군으로 인한 도로 파손, 소음 공해, 교통 체증 등 피해를 고스란히 받아야 할 뿐 아니라 주한미군의 훈련을 위해 도로를 정상적으로 유지해야 하기 때문에 그만큼 시의 독자적인 개발 사업이 제한받을 수밖에 없다.

동두천 경제는 미 2사단 병력이 이라크 전쟁으로 차출되자 기지 경제의 특성을 드러내며 동요했다. 2004년 미 2사단 소속 1개 여단 병력 3600여 명이 이라크로 차출되면서 광암동 상가들이 모두 문을 닫았고 미군 부대 한국인 노동자 수도 줄었다. 2016년 미 2사단의 평택 이전이 시작되면서 또 한 차례 동두천은 흔들리고 있다. 미군을 상대로 영업하는 점포는 2017년 3월 기준 228개(보산동 관광 특구)에 달하는데 이 중 휴·폐업한 업소가 무려 53개에 이른다. 동두천 미군 기지에 1200명 정도의 한국인 노동자가 고용되어 있는데 이들은 평택으로 미군이 옮겨감에 따라 실직 위기를 맞고 있다. 미군의 감축 또는 이전 등에 따라 되풀이되는 휴·폐업이나 한국인 노동자의 고용 불안은 미군 기지가 집중되어 있는 동두천이 다른 지역을 대신해 겪는 희생이라고 할 수 있다.

미군 기지는 동두천의 균형적이고 독창적인 발전을 저해함으로써 주민 소득의 정체를 가져오고 그 결과 지역 격차를 확대한다. 2014년 기준

으로 동두천시의 1인당 지역총생산은 1547만 원으로 이웃 양주시의
2356만 원보다 낮고 경기도 평균 2684만 원보다 낮으며 전국 1인당
GDP 평균 2946만 원의 절반 정도밖에 되지 않는다.

겨우 시작된 동두천 개발 계획을 수포로 돌리는 주한미군 잔류

동두천시의 미군 및 미 군무원 수는 2014년 기준 4850명이다. 2003
년 7787명에 비해 많이 줄었다. 동두천시 취업자 중 미군 관련 취업자
의 비율은 2003년의 13.1%에서 2017년 6.6%로 낮아졌다. 2017년 3월
기준 대략 1770명을 미군 관련 취업자로 볼 수 있다. 미군 관련 취업자
비중이 크게 낮아진 것은 달리 말하면 동두천시의 자체 경제 기반이 강
화되었다는 이야기이기도 하다. 그럼에도 불구하고 지금처럼 동두천
시의 광범한 지역을 미군 기지가 차지하고 있으면 동두천의 균형적인
발전은 한계를 가질 수밖에 없다. 이러한 상황에서, 2014년 10월 평택
으로 이전하기로 한 캠프 케이시의 미 2사단 210화력여단이 동두천에
2020년까지 잔류한다는 발표는 동두천 시민들에게 좌절감을 주고 있
다. 기지 반환을 전제로 추진해온 동두천시의 개발 계획이 중단될 처지
에 놓여 있다.

오키나와는 미군 기지 때문에 먹고산다?

한 때 일본에서는 오키나와 경제를 '기지 경제'라고 불렀다. 미군 기지로부터 나오는 수입으로 오키나와 사람들이 먹고산다는 뜻이다. 그리고 이는 기지와 관련된 수입으로 먹고사는 만큼 미군 철수를 요구해서는 안 된다는 논리로 이어지게 된다.

미군 기지와 관련된 오키나와현의 주민 소득(총인구 143만 명)은 2013년 기준으로 연간 2088억 엔(2조 3457억 원)에 이른다. 이는 미군 기지에 고용된 노동자들의 임금 496억 엔, 미군에게 공여된 땅의 임대료 수입 832억 엔, 미군 및 군무원들에 대한 재화 및 용역의 판매 660억 엔, 기타 100억 엔 등으로 이뤄져 있다. 기지 의존도(미군 기지 관련 소득이 주민 총소득에서 차지하는 비율)가 미국 통치 시기인 1955년에는 28%였지만, 오키나와가 일본에 반환된 1972년 이후로는 현저히 줄어 2013년 기준 5.1%에 불과하다. 2015년 12월 오나가 다케시 오키나와 지사(2017년 현재)는 중앙 정부와의 소송 재판에서 "'오키나와가 미군 기지로 먹고산다'고 떠드는 사람들이 있다. 이 말은 '그러니 (미군 기지 이전 요구하지 말고) 좀 참아라'라고 하는 것 아니냐. 오키나와가 기지 경제로 번영한 것은 과거의 일이다. 완전한 오해다. 미군 기지는 이제 오키나와 경제 발전의 최대의 걸림돌이다. 미군 기지 관련 수입은 (오키나와의 일본) 복귀 전에는 주민 총소득의 30%를 넘은 적도 있었지만 복귀 직후에는 15.5%로 떨어졌고 2012년에는 5.4%에 불과하다"라고 진술했다.

1972년에 미국의 통치가 마감되면서(일본에 반환되면서) 오키나와는 이전 '기지 경제'의 오명을 벗고 새롭게 발전할 수 있는 계기를 맞았다. 오나가 다케시 지사는 "반환 전 직접 경제 효과는 기지 임대료 수입 등 89억 엔이었다. 그런데 반환 뒤 경제 효과는 2459억 엔으로 약 28배 늘었다. 또 고용은 반환 전 기지 노동자 수가 327명이었는데 반환 뒤는 노동자 수가 2만 3564명으로 약 72배 늘었다. 세수입은 7억 9000만 엔에서 298억 엔으로 약 35배 늘었다. 기지 관련 수입은 오키나와에서 더 이상 문제가 안 된다. 경제 측면에서 보면 오히려 방해다"라고 말했다.

오키나와의 산업이 발전하면서 취업자 수는 1972년 36만 4000명에서 2013년 64만 2000명으로 늘었다. 반면 미군 기지 고용 노동자는 1960년 2만9000명(전체 노동자의 20.3%)에서 1972년 1만 9980명, 2013년 8942명으로 줄었다. 2013년 기준으로 미군 기지 고용 노동자는 전체 노동자 53만 2000명중 1.6%에 불과하다. 관광 산업이 발전하여 2013년 관광 수입은 4479억 엔으로 미군 기지 관련 수입 2088억 엔의 두 배 이상에 이른다.

오키나와의 기지 의존도는 많이 줄었지만, 여전히 오키나와의 많은 지역이 기지로 사용된다. 1952년 대일 강화조약 체결과 함께 일본 본토에서 미군 기지의 약 60%가 반환되었다. 하지만 오키나와현에서는 1972년 미국 통치가 종식된 후에도 기지 반환은 16% 정도 밖에 이뤄지지 않았다. 오키나와 미군 기지는 2014년 기준 231km²로 오키나와현 전체 면적의 10.1%를 차지한다. 오키나와 본섬 기준으로 보면 19.1%에 해당하는 면적이다. 오키나와 곳곳이 미군 기지인 셈이다. 오키나와는 면적으로 일본(2277km²) 전체의 0.6%에 불과하다. 하지만 주일미군 전용 시설은 오키나와에 무려 74%가 집중돼 있다. 또 주일미군 4만 9503명의 52.2%인 2만 5843명이 오키나와에 주둔하고 있다. 미군이 일본에 주둔하는 데 수반되는 정치적 · 경제적 · 군사적 · 문화적 피해를 오키나와 민중들이 집중적으로 받지 않을 수 없는 상황인 것이다.

이런 광대한 미군 기지는 오키나와의 자립적이고 균형적인 발전을 방해하는 커다란 요인이 되고 있다. 미군 기지 존재로 인한 지역 개발 제한은 오키나와현의 매우 낮은 재정자립도에 반영되어 나타난다. 재정자립도가 2014년 기준으로 전국 평균 53.5%에 턱없이 미치지 못하는 26.6%에 불과하다. 오키나와의 산업 구조는 1차 산업 1.5%, 2차 산업 13.9%, 3차 산업 84.4%로 구성되어 있다. 부가가치가 높은 제조업의 경우 일본 전국 평균 18.4%보다 훨씬 낮은 4.2%에 머물고 있다.

일본 정부는 오키나와 진흥 예산이라는 이름의 국고보조금을 주면서 이것이 마치 미군 기지에 대한 보상인 것처럼 말한다. 그러나 이는 사실 왜곡이다. 오키나와 진흥 예산이 국고보조금인 것은 맞지만, 다른 지방 정부들도 정부로부터 똑같이 국고보조금을 받는다. 다만 오키나와가 받는 국고보조금이 '진흥 예산'으로 불릴 뿐이다. 오키나와 현의 국고보조금은 2014년 기준으로 3858억 엔으로 액수 기준 15개 지방 정부 중 10위다. 국가의 재정 이전은 국고보조금과 지방교부세(사용처가 정해지지 않은 국고보조금) 두 가지가 있는데, 이 둘을 합치면 오키나와는 7433억 엔으로 전국 12위(1인당 보조금으로 계산하면 전국 5위)다. 따라서 국고보조금을 오키나와에 주는 특혜라고 말하는 것은 옳지 않다.

오히려 일본 정부는 국고보조금을 오키나와 민중의 반미군 기지 투쟁을 통제하고 무마하는 데 이용하고 있다. 나카이마 히로카즈 오키나와 지사(2010~ 2014년)는 주민들의 여론 때문에 오키나와 시내의 후텐마 기지 이전을 위한 헤노코 연안 매립 승인을 주저했다. 그러자 아베 총리는 2013년 12월 25일 나카이마 지사를 만나 2014년도 오키나와 진흥 예산을 3460억 엔(정부의 당초 계획은 3408억 엔)으로 올리고 2021년까지 매년 3000억 엔 이상을 보장한다고 약속하였다. 이에 나카이마 지사는 '유사 이래 없던 멋진 내용'이라면서 이틀 뒤 헤노코 연안 매립을 승인하였다. 2014년 오키나와 지사 선거에서 후텐마 기지의 현외 이전 입장을 가진 오나가 다케시 지사가 당선되지 아베는 2015년도 오키나와 진흥 예산을 162억 엔 삭감했다. 국가보조금을 줄였다 늘였다 함으로써 오키나와의 반미군 기지 운동을 통제하려는 의도인 것이다.

3. 결론1: 정부는 트럼프에 어떻게 대처해야 할까

9차 방위비분담 특별협정이 2018년 종료된다. 늦어도 2018년 초 10차 특별협정 체결 협상이 시작될 것이다. 문재인 정부는 방위비분담금의 대폭 인상을 벼르고 있는 트럼프 정부를 상대해야 한다. 치밀한 전략을 짜서 대응하지 않으면 궁지에 몰릴 가능성이 크다.

협상에 임하는 기본 자세

첫째, 주한미군 주둔 경비는 애초에 한국이 부담할 의무가 없고 미국이 부담해야 하는 것이라는 사실을 명확히 인식해야 한다. 한미 소파, 미일 소파, 나토 소파 독일 보충협정 등 주둔군 지위 협정을 보면 모두 미군 경비를 미국이 부담한다고 되어 있다. 방위비분담 특별협정은 한미 소파를 위배한 불법이라는 인식을 가져야 미국과의 협상에서 수세에 빠지지 않고 우위에 설 수 있다.

둘째, 트럼프 정부는 주한미군 철수 또는 감축을 언급하며 한국을 위협할 가능성이 있다. 이에 대해서 한국 정부는 미군 주둔이 미국 자신의 국익을 위한 것이라는 인식을 확고히 해야 할 것이다. 주한미군은 동아시아 지역에서 북한뿐 아니라 중국과 극동러시아를 군사적으로 견제하고 봉쇄하는 역할을 함으로써 미국의 경제적 및 군사적 이익을 보호하려는 것이다. 즉, 주한미군이 미국의 이익을 위해 주둔하는 것이지, 한국을 위해 주둔하는 것은 아니라는 점을 분명히 인식할 필요가 있다.

셋째, 주한미군 주둔 경비에 대한 한국의 과도한 부담을 강조해야 한다. 한국은 방위비분담금을 포함해 각종 직간접 비용을 부담하고 있고 이는 미군 주둔비의 70%가 넘는다는 점을 제시해야 한다. 미군 주둔비 분담률 계산에 현재 누락되어 있는 미군 기지 이전 비용, 환경 치유 비용, 미 육군 및 공군 소유 탄약 저장 관리 비용 등을 포함시켜야 한다. 경제적 지불 능력을 고려할 때 한국은 일본이나 독일보다 더 많은 부담을

지고 있음을 강조할 필요도 있다. 미국의 방위비분담금 대폭 증액 요구
에 대비하기 위해 2010년 이후 중단된 주한미군 경비에 대한 중앙 정부
와 지자체의 직간접 지원 현황 집계를 다시 재개할 필요가 있다.

넷째, 강자를 상대로 협상할 때 힘의 원천은 국민에게서 나온다는
점을 명심해야 한다. 촛불시민혁명의 힘으로 집권한 문재인 정부는 이
전 정부와 차별되는 자신의 강점을 살려 국회, 전문가, 시민사회단체,
언론 등의 의견을 듣고 국민의 요구를 정식화하여 협상에 임해야 할 것
이다.

협상의 목표

방위비분담금의 대폭 삭감과 폐지를 바라는 국민적 요구, 9차 방위비
분담 특별협정 체결 당시 정부가 국민 앞에 한 약속(이자 소득 환수), 방
위비분담금 관련 한미 사이에 제기되어 있는 쟁점(군사 건설비 불법 전용,
대규모 미집행액 발생 문제) 등을 감안해 다음과 같이 협상 목표를 정할 필
요가 있다.

첫째, 10차 방위비분담 특별협정 협상에서는 방위비분담금 총액의
대폭 삭감을 목표로 하며 이를 위해 군사 건설비를 최소화한다. 군사 건
설비는 미군 기지 이전이 시작되기 바로 전해인 2001년 수준(1040억 원)
으로 되돌아가야 한다. 그 경우 2017년 군사 건설비가 4250억 원이므로
최소 3200억 원 정도 비용을 삭감할 수 있다. 군사 건설비는 2002년부
터 미군 기지 이전 사업에 전용되어왔는데 이는 불법이다. 그리고 2018
년에 미군 기지 이전 사업은 완료된다. 미국은 9차 방위비분담 특별협

정 협상에서 평택 미군 기지 이전 사업이 완료되더라도 군사 건설비 소요가 줄지 않을 것이라는 주장을 하였다고 한다. 미군 기지 이전 사업과 관련 없는 주한미군 부대(특히 공군)의 경우 기지 노후로 시설 개선 소요가 상당히 존재한다는 것이다. 즉, 10차 방위비분담 특별협정 협상에서도 군사 건설비를 줄일 생각이 없는 것이다. 이러한 미국의 주장은 신뢰하기 어렵다. 왜냐하면 지금까지 군수 지원비에 '노후 시설 개선' 사업비가 있어 매년 집행이 이뤄졌기 때문이다. 설사 기존 기지의 노후 시설 개선 소요 주장을 받아들인다 하더라도, 그것이 군사 건설비를 줄일 수 없는 이유는 되지 못한다. 왜냐하면 미군 기지 이전비로 전용하느라 방위비분담금(군사 건설비)을 노후 시설 개선에 못 썼다면 그것은 전적으로 미국 책임이지 한국 책임이 아니기 때문이다.

둘째, 방위비분담금의 불법 전용을 더 이상 허용해서는 안 된다. 미국은 방위비분담금을 미군 기지 이전비로 전용한 사례가 있기 때문에 앞으로도 이런 불법적 관행을 계속할 가능성이 높다. 방위비분담금을 미군 주택의 임대료로 쓸 가능성이 있다. 2005년 노회찬 의원은 "한미 당국이 '가족 주택은 임대 방식으로 추진한다'는 내용만 공개하고 임대료를 방위비분담금으로 지불한다는 것은 방위비분담금이 국민 관심사가 되고 정치 쟁점화되는 것을 우려하여 합의의사록에 포함시키거나 별도의 문서 교환으로 처리하기로 했다"라고 폭로했다. 미군 주택 임대료는 YRP 제4조 제1항에 따르면 미국 측이 부담해야 한다.

셋째, 방위비분담 특별협정 폐기 계획을 세우고 이에 대한 논의를 시작해야 한다. 새 정부는 임기 내에 전시작전통제권을 환수한다는 입장이므로 방위비분담금도 임기 내에 폐지하는 것이 바람직하다.

개별 쟁점에 대한 입장

첫째, 주한미군이 사드의 운영비로 방위비분담금을 쓰게 해서는 안 된다. 사드 운영비로 방위비분담금을 쓴다면 이는 주한미군의 모든 유지비는 미국이 부담하기로 되어 있는 한미 소파 제5조를 위배하는 것이다. 또한 방위비분담금에는 사드 운영비로 쓸 수 있는 적정한 항목이 없다. 사드는 그 주목적이 북한 또는 중국 ICBM으로부터 미국 본토를 방어하는 것이므로 그 운영비는 미국이 전적으로 부담하는 게 맞다(사드는 한국 방어와 연관이 없는 미국의 전략 무기로 '한미 상호 방위 조약'에 위배된다. 사드 운영비를 미국이 부담해야 맞지만, 그 이전에 한국에서 철수하는 것이 옳다).

둘째, 방위비분담금을 이용한 미 국방부의 이자 소득 수취에 대해서 그 액수를 확인해 한국으로 환수해야 한다. 정부는 9차 방위비분담 특별협정 국회 비준 동의안 심사 당시(2014년 4월) CB의 법적 지위를 확인하여 만약 미 국방부 소속 은행이면 차기 협상에서 방위비분담 총액 규모에 반영하겠다는 입장을 밝혔다. CB는 미 국방부가 '미 국방부 소속 은행 프로그램'이라고 확인했다. 따라서 이자 소득 규모를 확인해 이를 환수하든지 아니면 방위비분담금 총액을 그만큼 삭감해야 한다.

셋째, 2002년부터 2008년까지 군사 건설비에서 불법적으로 축적한 현금(1조 1193억 원) 가운데 남아 있는 돈(2015년 9월 기준 3923억 원)을 확인하고 이를 회수해야 한다. 또 2008년 이후에도 군사 건설비 현금 지급분에서 현금 축적이 진행되었을 것으로 예상되는데 이를 확인해 회수하거나 방위비분담금 총액에서 삭감해야 한다.

넷째 협정액과 예산액의 차액, 즉 감액분이 2011년에서 2017년까지 모두 5571억 원인데, 이 중 유효기간이 종료된 8차 특별협정 시기 발생한 감액분 3035억 원은 한국이 주한미군에 줄 의무가 없으며 9차 특별협정 유효기간 내에 발생한 감액분도 유효기간이 지나면 지급할 의무가 없다.

다섯째, 2005년부터 2015년까지의 불용액 1416억 원은 사업이 정상적으로 집행되고 남은 자금으로 미국에 추후에 다시 지불할 의무가 없는 돈이다. 방위비분담 특별협정의 유효기간이 지난 경우에는 더욱 지불할 의무가 없다.

여섯째, 주한미군 고용 한국인 노동자의 복지와 고용 안정 문제에 있어서, 미국은 9차 특별협정 협상 당시 한국인 노동자의 복지를 위해 노력하겠다고 약속했지만 이를 지키지 않았다. 퇴직연금제 실시, 한국인 전용 식당 설치, 평택 미군 기지 이전에 따른 고용 안정과 주거 대책 등에 대해 미국의 약속을 받아야 한다.

일곱째, 방위비분담금을 이용한 이자 수취를 하지 못하도록 조치를 강구해야 한다. 한국 정부가 직접 한국인 노동자나 한국 업체 등에게 현금을 지급할 수 있게 제도를 개선해야 한다.

여덟째, 군수 지원비 중 SALS-K 협정 위반인 미 육군 탄약 저장 관리비 지원, MAGNUM 협정 위반인 미 공군 탄약 저장 관리비 지원, 군사 건설비와 중복되는 '노후 시설 보수비'를 지원 대상에서 제외해야 한다.

아홉째, 10차 특별협정의 유효기간은 2년(2019~2020년)으로 해야 한다. 8차 및 9차 특별협정의 유효기간이 각각 5년이라는 상당히 긴 기간으로 정해진 것은 이명박 및 박근혜 정부가 방위비분담금의 불법적 집행, 주권 훼손, 국익 저해 등에 대한 국민과 국회, 시민단체의 비판과 감시를 되도록 회피해보려는 미국의 요구를 수용하였기 때문이다. 유효기간을 2년으로 줄이는 것은 방위비분담금에 대한 국민의 감시와 국회 등의 견제를 강화하는 데 기여한다. 또 유효기간을 2년으로 하는 것은 문재인 정부 임기 내 전시작전통제권 환수 공약, 남북관계 개선과 한반도 비핵화 논의 가능성, 미국 차기 정권(2020년 11월 대선 예정) 향방 등을 고려한 것으로 방위비분담금 폐기를 위한 본격적인 협상에 대비하기 위한 것이다.

4. 결론2: 국회가 제 역할을 해야 한다

방위비분담 특별협정은 1991년부터 2017년 현재까지 모두 9차례 체결됐다. 그런데 지금까지 방위비분담 특별협정이 국회에서 부결된 적은 한 번도 없다. 그렇다고 국회가 방위비분담 특별협정을 문제 삼지 않았던 것은 아니다. 국회가 제기한 문제들은 방위비분담금의 과도한 인상, 국회 예산 심의권 침해, 방위비분담금의 불법 축적 및 전용, 이자 놀이, 대규모 미집행액의 연례적인 발생, 한국에 불리한 방위비분담금 총액 결정 방식 등 일일이 손으로 꼽을 수 없을 정도로 많다. 국회는 이러한 문제들이 특별협정을 부결시킬 만큼 중대하지 않다고 판단했을 수도 있고 국회의 지적에 따라 시정되거나 개선될 수 있다고 판단했을 수도 있다. 이러한 국회의 판단은 타당했나? 그리고 바람직한 것이었나?

2007년 7차 방위비분담 특별협정을 예로 살펴보자. 방위비분담 특별협정 비준 동의안 심사 당시 미군 기지 이전 비용 전용이 문제가 되었다. 심사 결과 국회는 부대 의견으로 "방위비분담금을 기지 이전 비용에 전용하는 것은 불합리할 뿐만 아니라 국민 정서상 납득하기 어려우므로 미 측과 협의를 통해 개선 방안을 강구"할 것을 촉구하였다. 하지만 국회는 불법으로 단죄하지 못한 채 '불합리하다'라고 모호하게 지적하였다. 더욱이 부대 의견은 이를 정부가 지키지 않아도 강제할 마땅한 수단이 없다. 이런 국회의 어정쩡한 심사는 도리어 불법을 묵인하는 결과를 낳았다. 한국 정부는 국회의 부대 의견에 따라 미국 정부와 방위비분담금 전용 방지를 위한 '제도 개선'에 대한 협상을 벌였다. 그 결과 한미는 설계 감리비를 제외한 군사 건설비를 전면 현물로 제공한다는 데 합의하였다.

또한, 한국 정부는 2008년 11월 8차 방위비분담 특별협정 체결 당시 "2013년까지 미군의 방위비분담금 전용을 허용하기로 합의"하였다. 국회가 방위비분담금의 전용 방지 대책을 세우도록 정부에 촉구하였는데 정부는 정반대로 다시 미국에 군사 건설비의 미 2사단 이전비 전용을 연장해준 것이다. 그런데도 불구하고 국회는 2009년 2월 26일 8차 방위비분담 특별협정 비준 동의안을 그대로 통과시켰다. 국회가 방위비분담 특별협정을 부결시켰다면 한미 당국에게 경종을 울릴 수 있었을 것이다. 국회의 소극적인 자세는 국방 예산과 한미동맹을 성역으로 여기는 태도와 관련이 있다. 한미동맹을 위해 방위비분담금이 불가피하다는 인식을 대부분의 국회의원들이 가지고 있는 것이다. 그러나 특별협정까지 체결해 미국에 미군 주둔 경비를 지원하는 나라는 한국과 일본이 유일하다. 또 한국과 일본이 방위비분담금을 내지만 사정이 똑같지 않다. 일본의 국방비는 평화헌법의 영향으로 GDP의 1%밖에 되지 않아 한국에 비해 그 부담이 훨씬 가볍다. 일본의 방위비분담금은 제2차 세계대전 승전국과 패전국 관계인 종속적인 미일관계를 반영한다. 게다가 미국의 세계패권전략에 편승해 대외 군사적 팽창을 꾀하려는 의도에서 일본이 자발적으로 미국에 협조하는 측면에서 방위비분담금을 지불하는 것이기도 하다. 오늘날처럼 방위비분담금이 크게 불어나고 또 버젓이 불법적으로 집행되고 있는 현실의 큰 책임은 행정부를 견제하지 못한 국회에도 있다. 국회는 행정부 견제를 통해 우리의 주권과 국익이 지켜지도록 해야 하며 그를 위한 권한도 갖고 있다. 정부 예산(방위비분담금 예산)에 대한 심사권을 가진 국회는 방위비분담금의 불법적 성격(가령 군사건설비의 미군 기지 이전비로의 전용, 이자 놀이 등)이나 한국의 과도한 부담 등의 문제를 방위비분담금 예산 삭감 방식으로 제기할 수 있고 또 제기해야 한다. 또 국회는 10차 특별협정 협상이 2018년에 예정되어 있는바, 그에 관한 비준 동의권을 갖고 있다. 국회는 비준 동의권을 통해서 방위비분담금의 불법성을 바로잡고 방위비분담금을 대폭 삭감하며 나아가 불평등한 방위비분담금을 폐지하도록 정부를 견인해내야 한다.

5. 결론3: 방위비분담금은 평화통일에 쓰여야 한다

방위비분담금은 불평등한 한미동맹의 산물이다. 국제법, 즉 한미소파상 지불할 의무가 없는 방위비분담금은 미군 철수를 앞세운 미국의 압박 결과로 시작되었다. 방위비분담금은 한미 소파나 LPP 협정을 위반하며 쓰이는 등 불법적 요소를 갖고 있다. 방위비분담금은 매년 막대한 국방 예산 지출을 야기하기 때문에 우리 국민에게 재정적으로도 큰 부담이다. 방위비분담금은 한반도와 동북아시아 지역의 평화에도 역행하며 군사적 정당성이 없다. 방위비분담금은 군사 시설이나 군수품과 같이 산업 연관 효과가 미미하고 기술 축적 효과가 없는 분야에 대한 투자이므로 경제적으로도 국가에 큰 도움이 되지 않는다. 역사적 유래를 보면 방위비분담금은 제2차 세계대전 패전국인 일본이나 독일이 점령군인 미군에게 지불하였던 점령비가 이름만 바뀐 것으로 볼 수 있다.

우리나라에 지금 절실한 것은 한반도의 평화와 통일이다. 그러나 한반도 평화통일은 한미동맹과 양립할 수 없다. 한미동맹은 북한을 공동의 적으로 하고 있기 때문이다. 이명박과 박근혜 정부 시기 방위비분담금은 대북 지원액보다 적게는 17배, 많게는 344배나 많았다. 2차 남북정상회담이 있었던 해인 2007년에도 대북 지원액이 방위비분담금의 절반(51.3%)밖에 되지 않는다. 이런 사실은 남북 간 군사적 긴장 완화와 화해, 통일을 위한 남한의 노력이 매우 보잘 것 없었다는 것, 반면 한미동맹을 앞세워 북한을 군사적으로 압박하는 데 치중했다는 것을 말해준다. 한미동맹 강화를 명분으로 한 방위비분담금은 남북의 평화와 통일을 위한 투자로, 남북의 화해와 공동 번영을 위한 투자로 전환되어야 한다.

2014년 기준 개성공단 생산액은 5억 달러(OEM 가격 기준이며 소비자 가격으로 계산하면 15~30억 달러)로 투자비 1억 달러(북한 노동자 임금과 세금)의 5배에 달한다. 중간재(2억 달러로 가정)까지 감안하면 실제 부가가치

표 5-1 연도별 방위비분담금과 정부 대북 지원 금액 비교　　　　　　　　　　　(단위: 억 원)

	2006	2007	2008	2009	2010	2011	2012	2013	2014	2015
방위비 분담금	6,804	6,804	7,255	7,415	7,600	8,125	7,904	8,695	9,200	9,320
대북 지원	2,273	3,488	438	294	204	65	23	133	141	140

자료: 대한민국 국방부(2017); 통계청 홈페이지(2017).

는 투자액의 최소 5~10배에 달할 것으로 추정된다. 방위비분담금을 남북 간 경제 합작으로 전환한다면 남한의 경제 회복에도 큰 도움이 될 것이다.

　방위비분담금을 폐기하고 국방비를 줄여 이를 대북 사업에 쓴다면 남북 화해와 한반도의 군사적 긴장 완화, 한반도 평화협정 체결, 북한 핵문제의 평화적 해결에 훌륭한 밑거름이 될 것이다.

제 6 장

방위비분담 해외 사례

1. 일본의 주일미군 경비 분담 특별협정

일본은 (구)미일 행정협정에 따라 1952년부터 1960년까지 주일미군 경비를 분담했다. 그러나 이는 1960년 미일 행정협정 개정과 함께 종료된다. 그런데 일본의 주일미군 경비 분담은 1978년에 이른바 '배려 예산'의 이름으로 부활한다.

배려 예산이란 주일미군 경비의 일부(막사 정비, 미군 주택 신축 등 시설 정비비와 주일미군 고용 일본인 노동자의 복지 후생비)를 일본이 부담하는 것을 말한다. 1970년대 중반 미국은 베트남 전쟁의 후유증, 닉슨 쇼크(달러의 금태환 정지) 후 달러 가치 하락과 엔 가치 상승, 제1차 오일 쇼크 등이 겹치면서 심각한 재정난과 경제난을 겪게 된다. 저달러 엔고 현상(1달러당 360엔에서 180엔으로 달러 가치 하락)은 주일미군이 지불해오던 주택 임대료나 주일미군 고용 일본인 노동자의 인건비와 같은 외환 경비(일본 현지에서 엔화로 지출하는 주일미군의 경비)도 크게 증가시킨다. 이에 미국 정부는 1978년 들어 일본에 일본인 노동자의 인건비나 미군주택 신축 비용 등을 분담해줄 것을 강력하게 요구하였고 일본 정부는 이에 동의한다.

하지만 일본 야당과 국민들은 주일미군의 운영비를 일본이 부담하는 것은 미일 소파 제24조(시설과 구역을 제외한 모든 미군의 운영비는 미국이 부담)를 위배한 것이라며 크게 반발했다. 일본 정부는 경비 분담이 미일 소파 범위 안에서 시행될 수 있는 주일미군 지원이라고 주장하면서 불법 시비를 차단하고자 하였다. 그럼에도 야당 등의 반발이 수그러들지 않자 일본 정부는 베트남 전쟁으로 인한 재정난과 경제 불황에 시달리는 미국의 처지를 동정(배려)할 필요가 있다며 일본의 여론에 호소했다. 이러한 이유로 '배려 예산'이라는 이름이 붙었다. 배려 예산은 베트남 전쟁 이후 동맹국의 부담을 늘려 미국의 부담을 줄임으로써 세계 패권을 계속 이어가고자 닉슨이 주장한 괌 독트린의 산물이다.

주일미군 경비 분담 특별협정의 배경

일본이 미일 소파 제24조(한미 소파 제5조에 해당)에 대한 특별조치 협정을 처음 맺은 것은 1987년이다. 한국보다 4년 앞선다. 일본이 미국과 경비 분담 특별협정을 체결한 배경에는 1985년 G5(미국, 프랑스, 서독, 영국, 일본)의 플라자합의가 있다. 플라자합의는 높은 달러 가치 때문에 미국의 무역 적자가 계속 늘어나자 이를 시정하는 차원에서 선진 5개국이 외환시장에 개입한 것이다(일본의 소위 '잃어버린 10년'이 플라자합의에 기인한다). 그런데 플라자합의로 엔의 가격이 크게 올랐고 그로 인해 주일미군 고용 일본인 노동자의 인건비에 대한 미국의 부담이 약 2억 달러 추가되는 결과가 발생했다. 그런데 배려 예산으로 지급되는 주일미군 고용 일본인 노동자의 인건비는 복지 후생 수당에 한정되었고 기본급은 주일미군이 지급해왔었다. 미국은 '배려 예산'만으로는 주일미군 경비를 감당하기 어렵다고 보고 일본에 일본인 노동자의 기본급까지 지급해 줄 것을 요구하였고 이를 위해 미일 소파 제24조에 대한 특별조치협정 체결을 요구하였다.

주일미군 유지 비용을 감당할 수 없다면 미국은 주일미군을 감축 또는 철수해야 했다. 하지만 그 경우 미국의 동아시아 패권 전략에 손상이

가기 때문에 미국은 경비 분담 특별협정을 일본에 강요한 것이다. 이 점
에서 경비 분담 특별협정은 미국이 주일미군을 계속 주둔시키기 위해
일본에 비용을 전가시킨 특별조치였던 셈이다.

'미일 방위협력지침 2015'와 일본의 미군 경비 지원 증가

일본과 미국은 1987년 이래 2016년까지 모두 8번 협정을 체결하였
다. 2016년 1월에 체결된 주일미군 경비 분담 특별협정(2016년부터 2020
년까지 5년 유효)이 가장 최근 체결된 협정이다. 이 특별협정으로 제공되
는 경비는 인건비(주일미군에서 일하는 일본인 노동자 인건비), 광열 수도비
(공공요금), 이동 훈련비 등 3가지다. 그런데 미일은 특별협정 협상 때 '
미일 소파 범위 내의 일본의 지원액'(이른바 배려 예산으로 '일본인 노동자
복리후생비'와 '제공 시설 정비비'가 이에 해당됨)도 논의하며 특별협정과 배
려 예산 총액을 합의한다.

2016년도 일본 방위성 예산을 보면 특별협정에 따른 부담금은 인건
비 1194억 엔, 광열 수도비 249억 엔, 훈련 이전비 78억 엔 등 합계 1521
억 엔이다. 배려 예산은 복지비 264억 엔, 제공 시설 정비비 206억 엔을
합쳐 470억 엔이다. 이 둘을 합산하면 1991억 엔(2조 1267억 원)이다.

일본의 주일미군 경비 분담금은 1999년 2756억 엔을 정점으로 계속
감소되어왔다. 그런데 2016년에는 2015년 1964억 엔보다 27억 엔이 증
가했다. 인건비가 늘어났기 때문이다. 복지 후생 시설(식당이나 클럽 등
영업 시설)에서 일하는 노동자 중 일본이 인건비를 부담하는 노동자 수
의 상한은 이전 주일미군 경비 분담 특별협정(2011~2015년)의 4408명에

서 3893명으로 515명이 줄었다. 반면 미군 장비의 유지 정비 등 미군 임무 수행과 직접 관련된 일에 종사하는 일본인 노동자 수는 1068명이 늘어났다. 2015년 '미일 방위협력지침' 개정으로 미 이지스함 등 주일미군의 전력이 늘어나게 되면서 이를 정비하는 일본인 노동자가 더 필요하게 된 것이다. 전체적으로 보면 일본 정부가 부담하는 주일미군 종사 일본인 노동자의 수는 이전 특별협정의 2만 2625명에서 2만 3178명으로 553명이 늘었다. 결국 주일미군 경비 부담금이 증가한 원인은 '미일 방위협력지침 2015'에 따른 주일미군의 강화라고 할 수 있다. ≪도쿄신문 東京新聞≫은 "일본 측이 안보관련법 성립('미일 방위협력지침'의 내용을 일본 국내법에 반영한 것으로 2016년 3월에 발효)에 따른 대미 지원 강화와 어려운 재정 사정을 이유로 부담의 대폭 삭감을 요구했"음에도 협상 결과 분담금이 증액되었다고 하면서 이것은 "중국의 부상을 경계하는 아시아 중시 전략Reblancing을 추진하는 미국(의 압력)에게 눌려 타협을 강요받은" 때문이라고 보도했다.

일본은 이 외에도 주일미군을 여러 가지로 지원한다. 2016년 예산 기준으로 기지 주변 대책비, 사유지 임대료, 어업 보상비 등 미일 소파에서 일본이 시설과 구역의 제공 책임을 지는 1852억 엔이 있다. 또 미군 기지 이전 사업비 1707억 엔, SACO 관련 경비(1995년 오키나와 미군의 여학생 강간 사건을 계기로 '오키나와 시설과 구역에 관한 미일 특별행동위원회'가 설치되고 토지 반환, 소음 경감 등의 계획을 추진하는 비용) 16억 엔이 있다. 방위성 예산 외에 다른 부처와 관련된 비용으로 2015년 기준 국유지 임대료 면제 1658억 엔과 기지교부금(지방자치단체의 직접 지원) 388억 엔이 있다.

표 6-1 한국과 일본의 '특별협정' 비교

내용	한국	일본
지원 범위	'경비의 일부를 부담'(제1조)하는 포괄적 규정	관련 규정 없음
대상 사업	'인건비, 군사 건설 사업, 군수 지원 사업 등'으로 포괄적으로 규정(제1조)	'인건비, 광열 수도비, 훈련 이전비'라고 구체적인 사업을 명시
총액 규정	연도별 부담 총액이 협정에 명기됨(제2조)	일본 정부가 매해 총액을 미국에 통보
이월 문제	현물 군사 건설 사업 미집행분 이월(제3조)	관련 규정 없음

자료: 박기학 작성(2017).

한국과 일본의 특별협정이 서로 다른 점

방위비분담 총액을 협정에서 정하는 한국과 달리 일본은 매년 분담액의 액수를 결정하여 미국에 통보하게 돼 있다. 한국은 지원 영역이 주한미군과 관련된 거의 모든 영역에 걸쳐 있는 반면 일본은 인건비와 공공요금, 이동 훈련비로 한정되어 있다. 한국의 경우 주한미군이 방위비분담금의 항목을 배정하고 집행도 한다. 하지만 일본의 경우 각 항목의 부담 한도와 기준에 대해서 미국과 미리 합의하며 일본 정부가 최종적으로 항목별 금액을 결정한다. 또 시설 정비비도 일본이 사업을 선정하여 공사를 진행한다. 따라서 한국과 같이 미군에 의한 불법적인 전용은 있을 수 없다. 한국과 일본은 미군 종사 노동자의 고용 방식도 다르다. 일본의 경우 정부가 노동자를 고용하여 미국에 제공하는 간접 고용 형식을 취하며 일본 정부가 직접 일본인 노동자에게 임금을 지급한다. 따라서 일본에서는 인건비의 미군에 의한 전용 의혹도 없다.

2. 독일의 주독미군 경비 분담

점령비의 연장으로서의 주독외국군 경비 부담

피점령국으로서 독일(서독)은 주권 회복 전까지 미국·영국·프랑스 연합군에게 점령비를 지불하였다. 점령비는 서독이 주권을 회복하자 폐지되었다. 다만 서베를린에 주둔하는 주둔군에 대한 점령비 지불은 1994년에 이들이 철수할 때까지 계속됐다.

서독이 1955년 발효된 '파리 조약'으로 주권을 회복한 뒤 점령군은 나토군으로 이름을 바꿔 주둔하였다. 연합국의 서독 점령이 파리 조약 이후 법적으로 종료되어 점령비를 더 강요할 수 없었던 연합군은 서독과 주둔국 경비 지원 협정Support-cost Agreement을 맺어 1956년부터 1961년까지 경비를 부담시켰다. 1955년 서독 국방비는 14억 5200만 달러였는데, 1955년 5월부터 1956년까지 4월까지 주둔군 지원비는 7억 6200만 달러였다.

주독미군 경비 분담 특별협정으로서의 상계 지불 협정

독일과 연합국의 주둔국 경비 지원 협정은 1961년을 끝으로 더 이상 체결되지 않았다. 하지만 이후 독일(서독)의 주독미군 경비 분담은 새로운 형태로 다시 시작된다. 그것이 바로 1961년에 처음 체결된 상계 지불 협정Offset Payments Agreement이나. 협성의 배경은 다음과 같다. 미국의 국제 수지 적자가 1958년을 고비로 급증한다. 미국의 경상수지 누적 적자는 1958~1960년 112억 달러로 그 이전 7년 동안의 적자 합계 65억 달러를 훨씬 상회했다. 그 결과 1958~1960년 미국의 금 보유도 약 50억 달러 줄어든다. 이러한 국제수지 적자 급증에 위기 의식을 가졌던 아이젠하워 정부에서는 서독 주둔 미군 감축을 놓고 격론이 벌어졌다. 1958년 당시 주독미군은 23만 5000명으로 주유럽 미군 32만 9911명의 71.2%를 차지하였다. 달러 가치 하락에 따라 주독미군의 현지 외환 비용이 급등하여 1960년에만 6억 달러 이상(계약 사업비, 군 보수, 물품 구입비 등)에 달했다. 미국은 주독미군을 감축하지 않는 대신 6억5000만 달러를 지원해달라고 독일에 요구하였다. 그러나 당시 독일의 아데나워 수상은 점령 비용을 지불한다는 인상을 주는 데다가 세금 인상이 불가피하다는 이유로 미국의 요구를 거절했다.

1957년에 체결된 나토 소파 독일 보충협정에 따르면 독일(서독) 정부가 국유 재산으로 독일 주둔 외국군에게 제공하는 시설과 토지와 관련된 비용 이외의 외국군 유지비는 원칙상 미국이 부담하게 되어 있다. 따라서 나토 소파 보충협정으로 보더라도 달러 가치 하락에 따른 외환 비용의 증대는 미국이 책임져야 할 부분이지 독일이 책임질 것은 아니었다.

하지만 국제수지 악화 방지를 핵심적인 대외 경제 정책으로 표방한 미국의 강한 압박에 밀려 독일은 미국과 타협하였다. 독일이 주독미군의 외환 비용에 해당하는 액수만큼 미국 무기를 구입해주기로 한 것이다. 이는 상계 지불 협정으로 불리는데 독일이 미국 무기를 사줌으로써 외환 비용에 상응하는 만큼의 미국의 경상수지를 보전해 준다는 의미다. 1961년 처음 체결된 상계 지불 협정은 독일(서독)이 2년 동안 14억 2000만 달러에 달하는 미국 무기를 구입해주기로 했다. 상계 지불 협정은 1961년에 처음 체결된 이래 모두 8차례 체결되었으며 1975년 6월을 끝으로 폐지됐다. 독일의 상계 지불 협정은 미국 무기를 사준다는 점에서 미군 경비를 직접 부담하는 한국이나 일본에 비해서는 독일의 국익이 좀 더 고려된 것이라고 할 수 있다. 하지만 독일은 상계 지불 협정이 상당한 재정적 부담을 주는 데다가 점령국이 피점령국에 행하는 전쟁 배상처럼 보이는 것에 대한 독일인들의 반감 때문에 폐지를 주장해 1975년을 끝으로 더 이상 체결하지 않았다.

원칙적으로 현금 지원을 하지 않는 주독미군 지원

독일에는 2014년 9월 기준 미군 4만 850명이 주둔한다. 주독미군에 대한 독일의 지원은 보충협정에 따른 지원에 그친다. 독일은 원칙상 주독미군에 대한 현금 지원을 하지 않는다. 2012년 주독미군에 대한 독일의 직간접 지원액은 9억 700만 달러다. 이 중 현금 지원은 인건비 등을 합쳐 7200만 달러이고 나머지는 전부 간접 지원이다. 부지 임대료 면제, 세금 감면과 같은 협정상 의무 지원이 중심이다. 주독미군의 비인적주둔비에 대한 지원율은 2012년 기준 18.4%다. 독일은 한국이나 일본처럼 특별협정을 맺어 주독미군 경비를 지원하지 않기 때문에 직간접 지원을 다 합쳐도 주독미군 경비 분담률이 한국이나 일본에 비해 매우 낮다.

독일 보충협정은 한미 소파 제5조와 같은 포괄적인 미군주둔 경비 분담원칙을 두지 않은 대신 미국이 부담할 경비 항목과 독일이 부담할 경비 항목이 아주 세부적으로 규정되어 있다. 독일은 원칙적으로 시설이 아닌 토지만 제공하고, 주택 건설의 경우에도 부지만 매입하여 제공한다. 미국은 제공받은 시설 및 구역의 수선 및 유지비, 주독미군 고용 독일 노동자 인건비, 환경오염 복구비 등을 부담한다. 독일이 패전국이면서도 일본이나 한국에 비해 주권이 배려된 것은 독일 보충협정 체결 당시의 정세와 연관이 있다. 소련이 1958년 서베를린 비무장 자유도시화 제안이나 1959년 독일 평화조약안 제안 등 대서독 평화공세를 펴자 미국이 서독을 서방 진영에 묶어두기 위해 서독에 양보한 측면이 있는 것이다.

3. 나토의 경비 분담

나토는 28개 회원국을 거느린 집단 방위 기구다. 나토의 운영 예산은 공동 자금 방식을 취하며, 이를 마련하는 방식에는 직접 기여와 간접 기여가 있다. 직접 기여는 나토의 정치 및 군사 기구, 나토 안보투자 프로그램NATO Security Investment Programme, NSIP 운영 예산을 각 회원국들이 정해진 비율에 따라 분담하는 것을 가리킨다. 나토의 공동 예산은 민간 예산, 군사 예산, NSIP 예산으로 나뉜다.

민간 예산은 나토 본부의 운영비로 쓰인다. 군사 예산은 통합 지휘 조직(동맹 작전 사령부와 동맹 변혁 사령부, 나토 군사 참모부)의 운영비로 쓰인다. NSIP는 개별 회원국의 자국 방위 수요를 넘어서는 나토 공동 방위를 위한 주요 건설 사업 및 지휘 통제 체계 투자 사업에 쓰인다.

이 세 부분의 예산을 각 회원국이 얼마나 부담할 것인지는 회원국들의 GNI(국민총소득)를 기준으로 정해진 비용 분담 공식에 따른다. 분담 비율은 2년마다 새로 정한다. 2017년도 나토 예산은 민간 예산 2억 3400만 유로, 군사 예산 12억 9000만 유로, NSIP 예산 6억 5500만 유로를 합쳐 21억 7900만 유로(2조 7963억 원)다. 미국의 분담률이 22.15%이며, 독일 14.65%, 프랑스 10.63%, 영국 9.85% 등이다.

간접 기여란 나토가 수행하는 군사 작전(아프가니스탄 전쟁, 이라크 전쟁 등)에 회원국들이 자발적으로 파견하는 장비나 병력 등을 말한다. 나토 이사회는 만장일치제로 군사 작전 참가를 결정하는데 어떤 회원국이든 나토 조약 제5조(회원국의 영토가 무력 공격을 받는 경우)의 집단 방위 작전이 아닌 한 그 작전에 참가하거나 기여해야 할 의무가 없다. 따라서 나토가 수행하는 군사 작전 비용은 각 회원국이 자발적으로 파견하는 장비와 병력에 의해서 충당된다고 할 수 있다.

4. 안보 무임승차를 둘러싼 미국과 유럽의 대립

안보 무임승차론은 영어 표현 'free-riding', 즉 무임(부정) 승차에서 나온 말이다. 공공재인 '억지'에 더 높은 가치를 부여하는 대국이 과도한 부담을 지게 되는 반면 소국은 공짜로 혜택을 누리는 경향이 있다는 주장이다. 1966년 미국의 경제학자 맨커 올슨Mancur Olson이 주장했다. 그는 나토에서 대체로 국민소득이 큰 대국이 국민소득 중 국방비 지출의 비중이 크고 국민소득이 적은 소국은 국방비 지출 비중이 적다는 통계를 근거로 안보 무임승차론을 주장했다. 1964년 기준 나토 회원국들의 GNP 대비 국방비 비중을 보면 GNP가 가장 큰 미국은 9.0%였고 GNP가 가장 적었던 룩셈부르크는 1.7%였다.

안보 무임승차론은 대국일수록 GNP 대비 국방비 비중이 대체적으로 큰 경향이 있다는 것을 근거로 성립하고 있어 소국의 '대국착취설'로 불리기도 한다. 미국은 동맹국들에게 방위 분담을 요구하면서 이 무임승차 논리를 적극적으로 활용해왔다.

유연 반응 전략과 안보 무임승차론

안보 무임승차론은 미국의 대소 핵억제 전략과 밀접히 연관돼 있다. 1950년대 미국의 대소 핵억제 전략은 대량 보복(1954~1961년)이었다. 이 전략은 서유럽에 대한 소련의 어떠한 공격(재래식 공격이든 핵공격이든 상관없이)에 대해서도 대량의 핵보복 공격을 가한다는 전략이다. 그러나 미국의 대량 보복 전략은 소련이 미국 본토를 직접 타격할 수 있는 핵운반 능력을 획득하게 되자 1962년부터 유연 반응 전략으로 바뀌게 된다. 이것은 처음부터 핵을 바로 사용하지 않고, 공격 격퇴 행동을 단계적·제한적으로 취하는 전략이다. 이러한 전략 변화를 바탕으로, 미국은 재래식 전력이 부족하면 핵을 사용하는 시점이 빨라질 수 있다는 주장을 하면서 나토 회원국들에게 재래식 전력 증강을 요구했다. 이와 함께 안보 무임승차론이 제기됐다.

즉, 안보 무임승차론은 미국의 동맹국들에 대한 재래식 전력 증강 요구를 정당화하려는 목적에서 출발한 것이다.

동서 긴장 완화와 미국의 국방비 증액 요구

1970년대는 미소 '데탕트' 시기다. 미소 긴장 완화에 힘입어 유럽에서는 1975년 동서 신뢰 구축을 담은 '헬싱키 선언'이 채택되었다. 그 영향으로 1970년대 후반 서유럽 국가들의 재래식 전력 증강 속도가 줄어들었다. 이에 재래식 전력 균형이 서방에 불리할 것을 우려한 미국은 나토 회원국들에게 다시 무임승차론을 제기하고 강력하게 군비 증강을 요구한다. 미국의 제안으로 나토 방위 계획위원회는 1977년 5월 '나토 각 회원국의 국방비를 매년 실질 기준으로 3% 인상한다'는 결의를 하였다. 바르샤바 조약군과의 군사력 균형이 명분이었지만, 미국의 실제 의도는 서유럽 국가들을 재무장시킴으로써 소련과의 군사적 대결 구도를 계속하려는 것이었다. 1979년 소련의 아프가니스탄 침공은 미국이 나토 회원국들에게 군사력 증강을 촉구하는 좋은 명분이 되었다. 미국 의회는 당시 '국방수권법'을 제정하면서 국방부 장관에게 동맹국의 방위분담 상황을 매년 보고할 것을 명령하는 규정을 포함시켰는데 이는 나토 회원국이 국방비 3% 증액 약속을 지키도록 압박하기 위한 의도였다. 하지만 1980년부터 1986년까지 국방비 3% 증액 결의를 지킨 나라는 미국밖에 없었고 다른 모든 나토 유럽 회원국들의 경우 1983년 이래 국방비 실질 증가율이 3%에 미치지 못했다. 스태그플레이션, 자국 내 군비 증강 반대 여론 등을 이유로 서유럽 국가들이 국방비 증액에 소극적이었기 때문이다.

1980년대 미국의 무역 적자 및 재정 적자 완화를 위한 방위비분담 요구

1980년내 미국의 쌍둥이 적자가 급증하자 미국은 의회가 중심이 되어 적자 완화 차원에서 동맹국들에 대한 방위분담 압력을 가하였다. 미국 하원은 동맹국의 방위분담을 위한 본격적인 대응 차원에서 1988년

에 군사위원회 산하 방위비분담 소위원회를 설치하였다. 하원 군사위
보고서는 1988년 "미국 외교는 공정한 방위분담을 얻는 데 실패했다"라
면서 "유럽인들은 대규모의 미국 지상군의 지원 없이 그들 영토를 지킬
준비를 하는 것이 나을 것임을 가장 강한 어조로 말한다"라고 쓰고 있다.
미국 의회가 유럽 주둔 미군 철수 가능성을 위협하며 나토 유럽 회원국
들에게 방위분담을 촉구하고 있는 것이다. 그러면서 "유럽의 나토 회원
국들이 유럽의 전쟁을 수행하는 데 미 지상군의 대규모 수송이 필요하다
고 여긴다면 C-17 수송대의 획득비 및 운영비의 60%를 대라"고 요구하
고 있다. C-17 수송기를 사라는 요구는 미 의회가 방위분담을 미국의 대
유럽 무역 역조를 개선할 유력한 수단으로 바라보고 있음을 보여준다.

　이에 대해 유럽의 미 동맹국들은 유럽 방위에서 자신들이 미국보다
더 큰 부담을 지고 있고 미군의 유럽 주둔이 미국 자신에게도 이익이 된
다고 주장하면서 국방비의 대폭 증액이나 미군 주둔 경비 분담 증액을
바라는 미국의 요구에 응하지 않았다. 나토 유럽 회원국들은 유럽에서
실제 전투가 벌어지면 지상군의 90%를 유럽 국가들이 충당한다는 것,
유럽 국가들이 징병제인데 비해 미국은 모병제이기 때문에 국방비를 단
순 비교하면 미국이 더 높게 보인다는 것, 미국은 군사력을 유럽에 배치
함으로써 미군 병력의 운영 유지비에서 많은 이익을 보고 있다는 것, 미
국은 유럽에 병력을 배치함으로써 제3세계 분쟁에 즉각 미군을 투입하는
등 상당한 안보 이익을 누리고 있다는 것 등의 논리로 미국을 반박했다.
미국 의회에서는 1980년대 내내 유럽 주둔 미군 철수안이 발의됐지만 법
안이 의회를 통과한 적은 없었다. 그 때문에 방위비분담에 대한 미국 의
회의 압력은 나토 유럽 회원국들에게 실질적인 압력이 되지 못했다. 또

유럽에서는 1990년에 유럽 재래식 무기 감축 조약이 체결되는 등 평화 군축이 이뤄짐으로써 미국의 방위비분담 요구가 설득력을 잃게 되었다.

1994년 5월 19일 미국 하원은 유럽의 우방국들이 1998년까지 유럽 주둔 미군 급여를 제외한 경비의 75%를 부담하지 않으면 유럽 주둔 미군 7만 5000명을 철수할 것을 의결했다. 1994년 당시 주유럽 미군은 대략 15만 9600명이었다. 하지만 독일은 미군의 유럽 주둔(주독미군은 유럽 주둔 미군의 약 3분의 2)이 미국의 국익을 위한 것이라며 미 하원의 경비 부담 압력을 일축하였으며 주독미군 감축을 그대로 수용하였다. 사실 미 국방부는 하원의 결의 이전 1993년 2월에 이미 주유럽 미군을 1996 회계연도까지 10만 명으로 줄이는 계획을 확정하였다. 유럽 주둔 미군의 감축은 유럽 재래식 전력 감축 조약과 동서 냉전 종식에 따른 당연한 귀결로서 미국이나 독일 모두에게 이익이었다. 이렇게 보면, 방위비분담 요구를 위해 이미 예정된 미군 감축을 미국은 '활용'했지만, 의도를 달성하는 데 실패했다.

나토의 글로벌 동맹화와 미국의 공평한 방위비분담 요구

2014년 웨일스에서 열린 나토 정상 회의에서는 국방비를 10년 안에 GDP의 2% 이상으로 올리고 연구 개발을 포함한 장비에 대한 국방비 지출을 20% 이상으로 유지하기로 결의했다. 즉, 나토 회원국들에게 새로운 군비 경쟁을 촉구한 것이다. 이와 같은 결의의 직접적인 계기는 2014년 러시아의 우크라이나 침공과 크리미아 합병이다.

미국 우선주의를 표방하는 트럼프가 2017년 집권하면서 2% 가이드라인의 준수에 대한 미국의 압박이 더욱 거세지고 있다. 그런데 이 가이드라인은 이미 2006년 나토 국방장관 회의에서 합의된 것이다. 그것이 2014년 러시아의 군사 위협을 명분으로 나토 정상 차원의 정치적 선언으로 격상된 것이다. 2% 가이드라인을 2016년 기준 충족시키고 있는 나라는 5개(미국, 영국, 폴란드, 에스토니아, 그리스)뿐이므로 앞으로 23개국이 수십 억에서 수백 억 달러의 국방비를 추가로 지출해야 한다. 가령 독일은 2015년 기준 GDP 대비 국방비 비율이 1.09%, 367억 달러다. 만약 2024년에 2% 가이드라인을 채우려면 최소한 2015년의 거의 두 배 수준인 673억 달러로 국방비를 늘려야 한다. 언론은 국방비 증액 압박을 받는 독일이 수송기 보유 대수를 늘리고 유럽 국가들과 잠수함 공동 개발에 나서기로 했다고 보도하고 있다. 2% 가이드라인은 나토 회원국들에게 세계 군비 경쟁의 선도자가 되라는 요구이다. 이러한 전력 증강이 노리는 것은 재래식 군사력의 대러 우위, 과거 공산 진영에 속했던 동유럽 나토 회원국들의 러시아 견제 역할 강화, 나토 및 미국의 유럽 MD 강화, 나토의 중동·아시아·아프리카 등 글로벌 차원의 다국적 군사 작전 수행이다.

　트럼프 정권의 국방비 증액 요구에 대해서 장 클로드 융커 유럽 연합 집행위원장은 "단지 국방비를 증액하는 것이 현대 정치의 요체일 수 없다. 미국의 국방비 증액 요구에 굴복해서는 안 된다"라며 반대입장을 분명히 하고 있다. 그는 "유럽은 방위를 수행하면서 개발 원조와 인도주의적 원조도 함께 하고 있다. 미국과 달라 보일 것"이라면서 군사력에 의존하는 미국의 국방 정책과 관점을 비판하고 있다.

부록 1.

1991~2017년 방위비분담금 내역

[단위: 억 원, 백만 달러(이탤릭체)]

구분	방위비분담금 항목				합 계			
	인건비	건설비	CDIP	지원비	원화	달러	원화 비율	환산 합계
1991	*43*	*30*	*40*	*37*		*150*	0	1,073
1992	*50*	*25*	*50*	*47*		*180*	0	1,305
1993	*80*	*40*	*50*	*50*		*220*	0	1,694
1994	*120*	*38*	*50*	*52*		*260*	0	2,080
1995	*140*	*43*	*57*	*60*		*300*	0	2,400
1996	*165*	*55*	*50*	*60*		*330*	0	2,475
1997	*191*	*67*	*45*	*60*		*363*	0	2,904
1998	2,033	*75*	*40*	423 *19.8*	2,456	*135*	57	4,082
1999	2,120	*80*	*40*	455 *21.2*	2,575	*141.2*	58	4,411
2000	2,326	*87.8*	*43.9*	499 *23.2*	2,825	*154.9*	60	4,684
2001	2,507	*94.6*	*47.3*	538 *25.1*	3,045	*167*	62	4,882
2002	2,792	1,398 *26.4*	604 *5.4*	574 *27*	5,368	*58.8*	88	6,132
2003	3,015	1,627 *30.4*	667 *5.9*	603 *28.4*	5,910	*64.7*	88	6,686
2004	3,241	1,944 *34*	765 *8.5*	651 *29.8*	6,601	*72.3*	88	7,469
2005	2,874	2,494	430	1,006	6,804		100	6,804

구분	방위비분담금 항목				합 계			
	인건비	건설비	CDIP	지원비	원화	달러	원화 비율	환산 합계
2006	2,829	2,646	394	935	6,804		100	6,804
2007	2,954	2,976		1,325	7,255		100	7,255
2008	3,158	2,642		1,615	7,415		100	7,415
2009	3,221	2,922		1,457	7,600		100	7,600
2010	3,320	3,158		1,426	7,904		100	7,904
2011	3,386	3,333		1,406	8,125		100	8,125
2012	3,357	3,702		1,302	8,361		100	8,361
2013	3,340	3,850		1,505	8,695		100	8,695
2014	3,430	4,110		1,660	9,200		100	9,200
2015	3,590	4,148		1,682	9,320	*100*	100	9,320
2016	3,630	4,220		1,591	9,441	*100*	100	9,441
2017	3,655	4,250		1,602	9,507	*100*	100	9,507

자료: .대한민국 국방부 해당 연도 자료 바탕으로 박기학 작성(2017).
환산 합계는 각 연도 예산 편성 환율을 적용.

부록 2.

1~9차 방위비분담 특별협정 주요 내용

차수	적용 연도	주요 쟁점	합의 내용	문제점
1	1991~ 1993		• 한국이 주한미군 노동자 임금 일부 부담, 필요하면 기타 경비 부담. • 한국이 분담액 결정하고 통보.	• '기타 경비 부담'은 인건비 외의 다른 어떤 비용이든 부담할 수 있다는 뜻으로 한국에 일방적으로 불리함.
2	1994~ 1995		• 주한미군의 원화 경비 지출의 3분의 1 수준까지 증액 결정.	• 증액 기준이 되어야 할 총 주둔 비용을 주한미군이 공지하지 않음.
3	1996~ 1998		• 전년도 기준 매해 10%씩 증액 결정. • 1998년 분담금은 IMF 구제 금융 고려하여 8500만 달러 감액.	• 증액 비율이 높음. • 1998년 분담금이 애초 결정에 비해 감액되었으나, 당시 환율을 적용, 원화로 계산하면 1997년보다 40.5% 인상됨.
4	1999~ 2001		• 현물 제공의 경우 세금 면제 가격을 적용(면세).	• 한미 소파 개정과 연계하지 못한 협상 전략.
5	2002~ 2004		• 한국의 총액 결정 조항 삭제. • 2002년 총액을 6132억 원으로 확정. • 방위비분담 항목이 4가지로 정리됨.	• 과도한 인상률에 대한 문제 제기. • 항목별 금액 배분 결정 방식이 아닌 총액 결정 방식에 대해 문제가 제기됨. • 예산 통과 뒤 특별협정이 비준되어 국회 예산 심의권 침해 문제 발생.

차수	적용 연도	주요 쟁점	합의 내용	문제점
6	2005~ 2006	• 미국이 C4I 현대화 비용, 주택 임대료, 시설 유지비 등을 추가 요구.	• 2005년, 2006년 모두 6804억 원으로 총액 확정. • 미국 요구 사항 중 시설유지비 수용.	• 주한미군 감축 1만 2500명, YRP, 이라크 파병 비용을 감안하지 못한 합의. • 총액은 줄었으나, 주한미군 1인당 지원 비용은 2.7% 증액.
7	2007~ 2008	• 전략적유연성으로 인한 주한미군 역할 변경 문제 제기됨. • 미군 기지 이전비 전용의 불법성 제기됨.	• 2007년 총액 7255억 원, 2008년 총액 7415억 원 확정. 전년 대비 6.6% 인상.	• 방위비분담금으로 기지 이전 비용을 충당하는 것은 불합리함.
8	2009~ 2013	• 이자 발생 문제 공론화. • 분담금 전용 "양해" 문제 공론화.	• 군사 건설비를 2011년까지는 전면 현물 지원하고, 전체 금액의 12%만 설계 및 감리 비용으로 현금 지급.	• 정부의 전용 "양해"는 공식 외교 문서가 아닌 구두 합의에 의한 것으로 법적 근거 없음.
9	2014~ 2018	• 미집행액의 연례적 발생 문제 공론화. • 이자 귀속처 및 탈세 문제 제기됨. • 한국 정부가 총액 삭감과 군사 건설비 전용 방지를 협상 목표로 제시	• 2014년 총액 9200억 원, 2015년 9320억 원, 2016년 9441억 원, 2017년 9501억 원으로 합의. • 포괄적 제도 개선 합의.	• 정부 협상 목표 달성하지 못함. • 현물 지원 88% 비율 규정 삭제. • 이자 환수에 대한 내용 없음.

자료: 대한민국 국방부 자료 바탕으로 박기학 작성(2017).

부록 3.
9차 방위비분담 특별협정 전문 및 교환각서

**대한민국과 아메리카합중국 간의 상호방위조약 제4조에 의한 시설과 구역 및
대한민국에서의 합중국군대의 지위에 관한 협정 제5조에 대한 특별조치에 관한
대한민국과 미합중국 간의 협정
(2014년 2월 2일 서명. 서명자 미국 대표 성 김, 한국 대표 윤병세)**

대한민국과 미합중국(이하 "당사자"라 한다)은 1966년 7월 9일 서울에서 서명되고 이후 개정된 「대한민국과 아메리카합중국 간의 상호방위조약 제4조에 의한 시설과 구역 및 대한민국에서의 합중국군대의 지위에 관한 협정」(이하 "주한미군지위협정"이라 한다) 중 주한미군의 유지에 수반되는 경비의 분담에 관한 원칙을 규정한 제5조와 관련하여, 한·미 동맹에 대한 군건하고 상호적인 의지라는 목표를 인식하면서 다음과 같은 특별조치를 하기로 합의하였다.

제1조 대한민국은 이 협정의 유효기간 동안 주한미군지위협정 제5조와 관련된 특별조치로서 주한미군의 주둔에 관련되는 경비의 일부를 부담한다. 대한민국의 지원분은 인건비 분담, 군수비용 분담, 그리고 대한민국이 지원하는 건설 항목으로 구성된다. 이 협정의 이행은 당사자 관계당국 간의 별도의 이행약정에 따른다.

당사자는 이 협정의 이행의 책임성과 투명성을 제고하기 위하여 최대의 노력을 기울인다. 이와 관련하여, 제도 개선에 관한 교환각서가 채택되어 이 협정과 같은 날에 발효한다.

제2조 이 협정은 2014년부터 2018년까지의 대한민국의 지원분을 결정한다. 2014년의 대한민국의 지원분은 9,200억 원이다. 2015년, 2016년, 2017년, 2018년 지원분은 전년도 지원분에 대한민국 통계청이 발표한 물가 상승률(소비자물가지수)만큼의 증가 금액을 합산하여 결정되며, 2015년 지원분은 2013년도 물가 상승률을, 2016년 지원분

은 2014년도 물가 상승률을, 2017년 지원분은 2015년도 물가 상승률을, 2018년 지원분은 2016년도 물가 상승률을 적용하여 결정된다. 다만, 모든 해당 연도에 적용되는 물가 상승률은 4퍼센트를 초과하지 아니한다.

제3조 인건비 분담은 현금 지원이며, 군수비용 분담은 현물 지원이다. 대한민국이 지원하는 건설은 현금 지원과 현물 지원으로 구성된다. 이와 관련하여 대한민국이 지원하는 건설의 이행 원칙에 관한 교환각서가 채택되어 이 협정과 같은 날에 발효한다. 연도 말에 미집행 현물 지원분이 남아 있을 경우 이 지원분은 다음 연도로 이월된다. 당사자의 관계당국은 미집행 지원분을 최소화하기 위하여 최대의 노력을 기울인다. 각 연도의 인건비 분담금은 3회 균등 분할하여 해당 연도의 4월 1일이나 그 이전, 6월 1일이나 그 이전, 그리고 8월 1일이나 그 이전에 지급된다. 대한민국이 지원하는 건설의 현금 지원분은 각 사업 연도의 3월 1일에 지급된다.

제4조 현물 지원의 일부로 제공되는 모든 물자·보급품·장비 및 용역은 대한민국의 조세로부터 면제되거나 납세 후 금액을 기준으로 제공된다. 대한민국 정부가 조달하는 그러한 물자·보급품·장비 및 용역은 개별소비세 및 부가가치세가 면제된다. 부가가치세의 경우에는 영세율을 적용한다. 그러한 물자·보급품·장비 또는 용역에 대하여 조세가 부과되는 경우, 그러한 조세 지불은 비용 분담 재원으로부터 이루어지지 아니한다.

제5조 이 협정은 당사자가 이 협정의 발효를 위하여 필요한 그들 각자의 국내법적 절차를 완료하였다는 서면 통고를 교환하는 날에 발효하며, 2018년 12월 31일까지 유효하다. 이 협정의 종료는 이 협정하에서 합의된 절차에 따라 매 연도에 선정되었으나 이 협정 종료일에 완전하게 이행되지 않은 모든 군수 지원 또는 대한민국이 지원하는 건설 사업의 이행에 영향을 미치지 아니한다.

제6조 당사자는 주한미군지위협정 제28조제1항에 규정된 합동위원회나 당사자가 임명하는 대표로 구성되는 방위비분담공동위원회를 통하여 이 협정에 관한 모든 문제를 협의할 수 있다.

제7조 이 협정은 당사자의 서면 합의에 의하여 개정되고 수정될 수 있다. 그러한 수정은 제5조에 규정된 절차에 따라 발효한다. 이상의 증거로, 아래 서명자는 이 목적을 위하여 정당하게 권한을 위임받아 이 협정에 서명하였다. 2014년 2월 2일 서울에서 동등하게 정본인 한국어 및 영어로 각 2부를 작성하였다.

주한미군지위협정 제5조에 대한 특별조치에 관한 협정 중 대한민국이 지원하는 건설의 이행 원칙에 관한 교환각서 (2014년 2월 26일 서울에서 각서 교환)

(미국 측 제안각서) No. 040

주한미국대사관은 대한민국 외교부에 경의를 표하며, 2014년 2월 2일에 서명된 「대한민국과 아메리카합중국 간의 상호방위조약 제4조에 의한 시설과 구역 및 대한민국에서의 합중국군대의 지위에 관한 협정 제5조에 대한 특별조치에 관한 대한민국과 미합중국간의 협정」(이하 "방위비분담특별협정"이라 한다)에 관하여 양국 정부대표 간에 최근 진행된 논의에 대하여 언급하는 영광을 가지며, 현물 건설 지원이 다음 원칙에 따라 이행될 것을 제안하는 바입니다.

1. 대한민국이 지원하는 건설 사업은 방위비분담특별협정에 의거한다.
2. 미합중국은 대한민국과의 협의 후 군사적 필요에 근거하여 건설 사업을 선정하고 사업의 우선순위를 정한다.
3. 대한민국은 설계 과정에서 식별되고 발전된 일정에 따라 건설 계약을 체결하고 건설 사업을 시행한다.
4. 미합중국이 설계를 담당한다.
5. 미합중국은 설계 시방서 및 수용 가능한 사업자 목록을 대한민국에 제공한다. 사업자는 미 육군 극동공병단이 사전에 선별한 사업자 목록에 포함된 대한민국 업체 중에서 선정된다.

6. 설계 및 시공감리는 총 사업비의 평균 12퍼센트를 차지하며 대한민국이 현금으로 지급한다.
7. 입찰계약에서 절약되는 금액은 향후 사업에 사용된다.
8. 미합중국과 대한민국은 미집행 지원분이 발생하지 않도록 적절한 절차를 수립한다. 만일 연도 말에 미집행 지원분이 발생하는 경우, 이 지원분은 다음 연도로 이월된다.
9. 현물 지원 절차가 작동하고 있다는 것을 확인하기 위하여 연례 점검체계를 수립한다. 특정 사업에서 현물 지원 절차가 작동하고 있지 않다고 판단되는 경우, 대한민국과 미합중국은 문제를 해결하기 위하여 협의하고, 미합중국에 대한 현금 제공을 포함하여, 이 사업을 완료하기 위하여 적절한 조치를 취한다. 이와 관련하여 대한민국 국방부와 주한미군사령부는 이행약정을 체결할 수 있다.

앞의 사항이 대한민국에 의하여 수락될 수 있다면, 주한미국대사관은 이 공한과 귀부의 회답공한이 양국 정부 간의 합의를 구성하고, 방위비분담특별협정과 동시에 발효될 것을 제안하는 영광을 가지는 바입니다. 주한미국대사관은 이 기회에 대한민국 외교부에 최대의 경의를 거듭 표하는 바입니다.

주한미국대사관, 2014년 2월 26일, 서울

(한국 측 회답각서) OZT-555
대한민국 외교부는 귀 대사관의 공한에 명시된 제안이 대한민국에 의하여 수락될 수 있고, 귀 대사관의 공한과 이 회답공한이 양국 정부 간의 합의를 구성하고, 방위비분담특별협정과 동시에 발효하는 데 동의한다는 것을 통보하는 영광을 가지는 바입니다. 대한민국 외교부는 이 기회에 주한미국대사관에 최대의 경의를 거듭 표하는 바입니다.

2014년 2월 26일, 서울

주한미군지위협정 제5조에 대한 특별조치에 관한
협정의 이행을 위한 제도 개선에 관한 교환각서
(2014년 2월 26일 서울에서 각서교환)

(한국 측 제안각서) OZT-556

대한민국 외교부는 주한미국대사관에 경의를 표하며, 2014년 2월 2일에 서명된 「대한
민국과 미합중국 간의 상호방위조약 제4조에 의한 시설과 구역 및 대한민국에서의 합
중국군대의 지위에 관한 협정 제5조에 대한 특별조치에 관한 대한민국과 미합중국 간
의 협정」(이하 "방위비분담특별협정"이라 한다)에 관하여 양국 정부대표 간에 최근 진
행된 논의에 대하여 언급하는 영광을 가지며, 방위비분담특별협정 이행의 책임성과
투명성을 제고하기 위하여 다음의 제도 개선을 제안하는 바 입니다.

1. 분담 항목별 배정 및 소요 검토에 대한 조정 강화

1-1. 대한민국 국방부와 주한미군사령부는 방위비분담공동위원회를 통하여 주한미군
     의 3개 분담 항목별[즉, 인건비 분담, 군수비용 분담, 대한민국이 지원하는 건설
     (대한민국 지원 건설)] 배정 소요를 관련 문서 및 자료에 근거하여 종합적으로 검
     토하고 평가한다. 필요할 경우, 동 협의는 추가 심의를 위하여 국방부 장관과 주
     한미군 사령관에게 상정될 수 있다.

1-2. 주한미군사령부는 3개 항목별 배정액의 추산을 집행연도의 전년도 3월 15일까지
     완료한다. 주한미군사령부는 대한민국 국방부에 집행연도의 전년도 8월 31일까
     지 그 최종 배정액을 제출할 때 상기 공동 검토 및 평가를 최대한 고려한다.

2. 대한민국 지원 건설의 실질적 협의 체제 수립

2-1. 대한민국 국방부와 주한미군사령부는 협의를 통하여 매년의 대한민국 지원 건설
     계획을 수립한다.

- 대한민국 지원 건설 사업은 주한미군사령부에 의하여 처음 선정되고 우선 순위가 매
  겨진다.

- 대한민국 국방부와 주한미군사령부는 합동협조단을 통하여 대한민국 지원 건설 사

업을 검토하고 협의한다. 대한민국 국방부와 주한미군사령부는 각각 적절한 고위급 인사를 합동협조단의 공동위원장으로 임명한다. 합동협조단의 운영에 관한 세부사항은 현물 군사건설 사업 이행합의서에 포함된다.

- 주한미군사령부는 합동협조단 회의를 통하여 집행연도의 전전년도 11월 30일까지 건설 사업 목록의 초안 및 초기 사업 설계 목록, 그리고 간략한 사업 설명서를 대한민국 국방부에 제출한다.
- 대한민국 국방부와 주한미군사령부는 대한민국 지원 건설에 대한 조정 회의를 매월 2회 개최하여야 한다.
- 주한미군사령부는 그 최종 건설 사업 목록의 초안을 집행연도의 전년도 8월 31일까지 대한민국 국방부에 제출한다.
- 중요 관심 사항은 집행연도의 전년도 10월 1일까지 방위비분담공동위원회에 상정될 수 있다. 해결되지 않을 경우, 동 사항은 해결을 위하여 집행연도의 전년도 11월 1일까지 대한민국 국방부 장관과 주한미군 사령관에게 상정될 수 있다.
- 주한미군사령부는 상기 협의 및 조정 결과에 기반하고 이를 통합하여 최종 건설 사업 목록을 집행연도의 전년도 11월 30일까지 대한민국 국방부에 제출한다.
- 최종 건설 사업 목록 수립 시점에서 예견되지 못한 상황이 발생할 경우 주한미군사령부는 오로지 군사적 필요에 근거하여 필요한 최소한의 범위 내에서 최종 사업 목록을 집행연도 8월 31일까지 긴급 소요로 일부 대체할 수 있다.

2-2. 대한민국 국방부와 주한미군사령부는 최소 연 1회 합동협조단 회의를 통하여 전년도, 현행년도, 이후 수년간의 대한민국 지원 건설 계획을 종합적으로 검토한다. 이 회의를 준비하기 위하여 주한미군사령부는 미래의 대한민국 지원 건설 사업에 대한 예상 계획을 대한민국 국방부에 제공한다.

3. 군수비용 분담 사업의 업무방식 및 절차 개선

3-1. 대한민국 국방부와 주한미군사령부는 한국 업체에 대한 대한민국 정부의 우려와 관련 법령을 최대한 고려하여 "한국 계약업체"라는 용어에 대한 정의에 합의하고 이에 따라 군수비용 분담 이행합의서를 수정한다.

3-2. 대한민국 국방부와 주한미군사령부는 다음의 상호 노력을 강화하기 위한 상설협의체제를 수립한다. 중소기업을 포함하여 모든 한국 계약업체를 위한 행정절차를 간소화하기 위한 방식 및 절차의 개선, 계약 발주 및 대금 지불에 대한 추적 및

모니터링 방식의 개선, 사업 정보 공유의 개선 및 군수비용분담 사업에 참여하는 한국 계약업체가 직면한 애로사항을 즉시 해결하기 위한 조치의 개선

4. 인건비 분담에 관한 투명성 제고

4-1. 주한미군사령부는 소속 한국인 노동자의 복지와 안녕을 증진시키기 위하여 지속적으로 노력한다. 이와 관련하여 방위비분담금 항목별 배정에 대한 방위비분담 공동위원회의 검토 및 평가는 인건비부터 시작한다.

4-2. 주한미군사령부는 한미통합국방협의체에 제출되는 「방위비분담특별협정 연례 집행 종합 보고서」에 추가하여 인건비 분담 계획의 이행 관련 상세 정보를 대한민국 국방부에 제공한다.

5. 정보 공유 증진

5-1. 대한민국 국방부는 3개 항목별 배정에 대한 방위비분담공동위원회 협의 결과를 대한민국 국회와 공유할 수 있다.

5-2. 대한민국 국방부와 주한미군사령부는 전년도 동안 각자가 각기 집행을 담당한 3개 항목별 지원분에 대한 「방위비분담특별협정 연례 집행 종합 보고서」를 작성하고, 이를 한미통합국방협의체의 공동 의장에게 집행연도의 다음년도 4월까지 제출한다.

5-3. 주한미군사령부는 미집행된 대한민국 지원 건설의 현금 지원분에 대한 상세 현황 보고서를 매년 2회 대한민국 국방부에 제공한다.

5-4. 대한민국 국방부는 상기 보고서 및 그 밖의 정기 집행 보고서상의 정보를 군사 보안을 훼손하지 않는 방식으로 대한민국 국회와 공유할 수 있다.

앞의 사항이 미합중국에 의하여 수락될 수 있다면, 외교부는 이 각서와 귀 대사관의 회답각서가 양국 정부 간의 합의를 구성하고 방위비분담특별협정과 동시에 발효될 것을 제안하는 영광을 가지는 바입니다. 대한민국 외교부는 이 기회에 주한미국대사관에 최대의 경의를 거듭 표하는 바입니다.

2014년 2월 26일, 서울

(미국 측 회답각서) No. 041

주한미국대사관은 2014년 2월 26일자 대한민국 외교부 OZT-556호 각서에 명시된 제안이 미합중국 정부에 의하여 수락될 수 있고, 귀부의 각서와 이 회답각서가 양국 정부 간의 합의를 구성하고, 방위비분담특별협정과 동시에 발효하는 데 동의한다는 것을 확인하고 통보하는 영광을 가지는 바입니다. 주한미국대사관은 이 기회에 대한민국 외교부에 최대의 경의를 거듭 표하는 바입니다.

주한미국대사관, 2014년 2월 26일, 서울

....

방위비분담 특별협정에 대한 이행약정
(출처: 2017년 4월 19일 국방부 정보공개청구)

....

이 약정은 2014년 2월 2일 서명된 「대한민국과 아메리카합중국 간의 상호방위조약 제4조에 의한 시설과 구역 및 대한민국에서의 합중국 군대의 지위에 관한 협정 제5조에 대한 특별조치에 관한 대한민국과 미합중국 간 협정(이하 "특별협정")」과 2014년 2월 26일에 교환된, 대한민국과 아메리카합중국간의 상호방위조약 제4조에 의한 시설과 구역 및 대한민국에서의 합중국 군대의 지위에 관한 협정 제5조에 대한 특별조치에 관한 대한민국과 미합중국 간 협정에 의거한 「제도개선에 관한 교환각서(이하 "제도개선 교환각서")」 및 「대한민국이 지원하는 건설의 이행 원칙에 관한 교환각서(이하 "건설의 이행 원칙에 관한 교환각서")」를 이행하는 데 사용된다.

1. 대한민국 국방부(이하 "한국 국방부")와 주한미군사령부(이하 "주한미군")는 관련 문서 및 자료를 기초로 방위비분담금공동위원회를 통해 3개 분담금 항목별(인건비, 군수비용 부담, 대한민국이 지원하는 건설비(군사건설비)) 배정 소요를 종합적으로 검토하고 평가한다.

가. 배정액의 종합적인 검토와 평가를 위해 방위비분담공동위원회 개최 2주 전까지

주한미군사는 관련 자료를 제출한다. 이때 주한미군사는 한국 국방부에 자금배정의 근거가 될 수 있는 세부 자료를 제출한다. 인건비 항목 관련 자료는 방위비분담금으로 지원되는 고용원 수, 이들 인원에 지급되는 인건비 규모, 그리고 확인 가능한 인원·임금수준 변동사항에 대한 설명을 포함한다. 군사건설 항목 관련 자료는 사업목록 초안 및 사업설명서를 포함한다. 군수지원 항목 관련 자료는 개별사업목록을 포함한다.

나. 주한미군사는 이 절차에 따라 2014년 항목별 자금 배정액을 특별협정의 효력이 발생된 후 45일 이내에 한국국방부에 제공한다.

2015년부터 2018년까지의 항목별 자금 배정과 관련하여, 주한미군사는 집행 연도의 전년도 3월 15일까지 잠정 배정액을, 집행연도의 전년도 8월 31일까지 방위비분담공동위원회를 통한 공동 검토 및 평가를 최대한 고려한 최종 배정액을 제공한다. 방위비분담금 항목별 자금 배정 시, 인건비를 가장 먼저 검토 및 평가한다.

2. 대한민국이 제공하는 분담금은 원화로 지급되며, 다음 항목들에 배정된다.

가. 인건비

인건비 분담금은 현금으로 지급된다. 주한미군사는 방위비분담금의 상당 부분이 인건비로 지원된다는 점을 고려하여 소속 한국인 근로자의 복지와 안녕의 증진을 위해 지속적으로 노력하며, 정당한 이유가 없거나 혹은 그러한 고용이 합중국군대의 군사상 필요에 배치되지 아니하는 경우에는 고용을 종료하여서는 아니 된다. 군사상 필요로 인하여 감원을 요하는 경우에는, 주한미군사는 가능한 범위까지 고용의 종료를 최소화하기 위하여 노력하여야 한다. 대한민국이 제공하는 인건비 분담금은 주한미군사가 고용한 한국인 고용원들의 급료와 후생복지비를 지불하기 위해서만 사용된다. 주한미군사는 3월 1일 이전에 전년도 연간 집행보고서를 한국 국방부 계획예산관실(계획예산관)에 제출하여야 한다. 이때 연간 집행보고서에는 방위비분담금으로 인건비가 지원된 지급 대상 고용원 수, 기관별·임금 항목별 인건비 내역, 직책별 고용원 분포, 직급별 인원수, 인원·임금수준 변동 사유 등 구체적 내용이 포함되어야 한다. 대한민국이 분담하는 인건비의 전체 규모는 주한미군사가 고용하는 한국인 고용원 인건비 전체의 75%를 초과하지 않는다.

나. 대한민국이 지원하는 건설비(군사건설비)

군사건설 사업은 현금 및 현물 사업이다. 「건설의 이행 원칙에 대한 교환각서」 제6항에 명시된 바와 같이 설계 및 시공감리는 총 사업비의 평균 12%를 차지하며 대한민국이 현금으로 지급한다. 이를 제외한 군사건설비는 원천적으로 현물로 지원한다.

「건설의 이행 원칙에 관한 교환각서」의 제9항에 따라, 특정 군사 건설사업이 군사적 필요와 소요로 인해 미합중국이 계약 체결 및 건설 이행을 해야 하며 동 목적을 위해 가용한 현금 보유액이 부족하다고 한국 국방부와 주한미군사가 협의를 통해 합의하는 예외적인 경우에는 추가 현금지원이 이루어질 수 있다. 한국 국방부와 주한미군사는 동 자금이 회관, 골프장, 극장 및 볼링장과 같은 위락시설들을 건설, 확장, 수리 또는 관리하는 데 사용될 수 없다는 데 동의한다.

군사건설 개별사업은 주한미군사령관에 의해 처음 선정되고 우선 순위가 매겨진다. 대한민군 국방부와 주한미군사는 합동협조단을 통하여 이를 검토하고 협의한다. 주한미군사는 합동협조단 회의를 통하여 집행연도의 전전년도 11월 30일까지 건설 사업 목록의 초안 및 초기 사업 설계 목록, 그리고 간략한 사업 설명서를 대한민국 국방부에 제출한다. 주한미군사는 최종 건설 사업 목록의 초안을 집행연도의 전년도 8월 31일까지 대한민국 국방부에 제출한다. 중요 관심 사항은 집행연도의 전년도 10월 1일까지 방위비분담공동위원회에 상정될 수 있다. 해결되지 않을 경우, 동 사항은 해결을 위하여 집행연도의 전년도 11월 1일까지 대한민국 국방부 장관과 주한미군사령관에게 상정될 수 있다. 주한미군사는 상기 협의 및 조정 결과에 기반하고 이를 통합하여 최종 건설 사업 목록을 집행연도의 전년도 11월 30일까지 대한민국 국방부에 제출한다. 군사건설 개별사업은 2014년 2월 26일 교환된 「제도개선 교환각서」 및 「건설의 이행 원칙에 관한 교환각서」에 명시된 현물 이행 지침에 따라 건설계획이 수립되고 검토되며 집행된다. 대한민국 국방부와 주한미군사는 각각 적절한 고위급 인사를 합동협조단의 공동위원장으로 임명한다. 대한민국이 제공하는 현금 분담금은 미군의 사용을 위한 대한민국 내 개별사업의 공사감독, 설계 집행 및 건설을 위해 합중국군대에 의해 사용된다.

대한민국과 미합중국의 표준에 부합하는 한 한국산 자재를 가용한 범위에서 최대한 사용한다.

주한미군사는 주한미군사령관의 개별사업 목록 승인 후 7일 이내 에 개별사업 목록 초안을 제공한다. 최종 목록은 미합중국 당국의 승인 후 제공된다. 현물 군사사업의 모든 계약서 및 수정계약서의 사본과 분기별 집행보고서는 주한미군사 공병참모부에 제공되어야 한다. 군사건설비 현금 분담금의 모든 건설 계약서 및 수정 계약서의 사본과 분기별 집행보고서는 한국 국방부(군사시설기획관)에 제공되어야 한다. 분기별 집행 보고서는 한국 국방부와 주한미군사가 개발한 양식에 따른다.

환경문제는 중요하다. 주한미군사와 한국 국방부는 군사건설비로 제공되는 새로운 시설이 환경보호를 고려하여 건설될 수 있도록 최선의 노력을 다한다.

군사건설비로 건설된 시설물은 주한미군 기지협정(SOPA) 제2조에 따라 미측에 공여된다. 이러한 시설물은 주한미군지위협정 제4조에 대한 합의의사록 목적에 따라 "대한민국에 의해 제공되는"것으로 간주되며, 주한미군지위협정의 목적을 위해 더 이상 필요하지 않게 되면 대한민국에 반환된다.

현물군사건설사업의 이행은 한국 국방부와 주한미군사간 별도의 현물건설 이행 합의서에 따른다.

다. 군수비용 분담

군수비용 분담은 현물로 지급한다.

한국 국방부 군수관리관실은 군수비용 분담 프로그램에 따라 장비, 보급품 및 용역을 지원한다. 이러한 지원은 한미 단일탄약군수체제(SALS-K), 한미 항공탄약 공도관리

양해각서(MAGNUM), 휘발유, 등유 및 윤활유 분배 및 저장, 수송, 수리 및 정비용역, 가족주택를 제외한 합의된 특정 임차료, 기지운영지원의 일부, 전쟁예비물자 유지, 차량, 장비 및 물자구입, 주한미군시설의 유지 용역과 사업 이행에 대하여는 한국 국방부와 주한미군사간의 별도의 이행합의서에 규정한다. 사업 당해 연도에 시행할 모든 사업은 사업시행 전년도 12월 15일까지 주한미군사가 확정하고, 한국 국방부가 승인한다. 한국 국방부는 사업목록이 집행년도 간 발생한 예측할 수 없는 상황으로 인해 수정될 수 있음을 인정한다.

주한미군사는 주한미군사가 공고하고 협상한 계약에 근거하여 장비, 보급품과 용역을 발주한다. 주한미군사는 계약 대상 업체를 결정하고, 계약 문서를 구비하여 한국 국방부의 최종승인을 받는다. 주한미군사는 사업당 합의된 기간이 소요된 후 계약업체에 검수증명서를 발급하고, 계약업체는 주한미군사에 송장을 제공하며, 주한미군사는 한국 국방부에 검수증명서와 송장사본을 제출한다.

한국 국방부는 계약은 이루어졌으나 사업연도 12월 31일까지 이행되지 않은 용역과 물품의 예산은 다음 연도로 이월한다. 한국 국방부와 주한미군사는 "대한민국 계약업체"에 대한 용어의 정의에 합의하고 이를 군수비용 분담 이행합의서에 반영한다. 상설협의체는 군수비용 분담 프로그램으로 계획 및 진행 중인 사업정보에 대해 공유하고 계약발주 및 대금지급 과정을 공동 점검한다. 상설협의체는 대한민국 계약업체가 직면한 애로사항을 해결하고, 행정절차를 간소화하는 방안을 발전시키기 위해 노력한다. 상설협의체의 세부운영에 대해서는 한국 국방부와 주한미군사 간의 별도의 이행합의서에 규정한다.

3. 방위비분담공동위원회는 한국 국방부 국제정책관과 주한미군사 기획참모부장을 공동위원장으로 하며, 어느 일방이 요청 시 개최된다.

4. 주한미군사를 계승하는 사령부의 잠정 명칭은 미 한국사령부(US KORCOM)이다. 미 한국사령부가 설립되면, 본 이행약정에서 주한미군사로 언급된 모든 내용은 미 한국사령부로 명확히 적용된다.

5. 정보공유 증진을 위해 주한미군사가 대한민국 국방부에 제공하는 자료의 양식은

방위비분담공동위원회의 상호합의를 통해 결정된다.

6. 이 이행약정은 양국의 서명과 대한민국과 미합중국이 각국의 국내법 절차에 따라 특별협정이 승인되었다는 서면 통보를 교환함에 따라 효력이 발생하며, 특별협정의 기간 동안 유효하다.

2014년 6월 18일 대한민국 서울에서 동등하게 정본인 한국어본과 영어본으로 각 2부씩 작성하였다.

용어해설

국가재정법

국가의 예산·기금·결산·성과 관리 및 국가 채무 등 재정에 관한 사항을 정한 법률로 효율성, 성과 지향, 투명성, 건전성 등을 주요 원칙으로 규정하고 있다.

군사 건설비

방위비분담금 구성 항목 중 하나로 주한미군의 군사 시설, 즉 전투 및 비전투 시설 건설 비용을 한국이 방위비분담금으로 지원하는 것이다.

군수 지원비

방위비분담금 구성 항목 중 하나로 방위비분담금으로 미군 소유 탄약 보관, 전쟁 예비 물자 정비, 미군 장비 정비, 미군 및 미군 화물 수송, 기존 미군 시설 유지 보수, 유류 지원 등의 용역을 하거나 비전술 차량이나 포크레인 등 미군의 소모성 비전투 장비를 구입해주는 것이다.

매그넘(Muniton Activities Gained Negotiation of US-ROKAF MOU, MAGNUM)

한국 공군이 미 공군의 탄약을 한국 공군 시설에 저장하고 관리해주는 것을 말한다. 대구, 광주, 수원, 청주, 오산, 군산, 사천 등 7개의 한국 공군 기지 내 한국군 탄약고에 2014년 기준 미 공군 탄약 3만 4000톤을 저장하고 있다.

방위비분담금

한미 소파 제5조에서는 미국이 주한미군 운영 경비를 부담하도록 되어 있다. 하지만 미국 재정 사정의 어려움을 고려해 한국이 미국과 방위비분담 특별협정을 맺어 한미 소파 제5조의 적용을 일시 정지시키고 주한미군 경비 일부를 지불하고 있는데, 여기에 쓰이는 돈을 일컫는 용어다. 2017년 말에서 2018년 초에 10차 특별협정 협상이 예정되어 있다.

비인적주둔비(Non-personnel Stationing Cost)
주한미군의 주둔 경비 가운데 미군 및 미 군무원의 인건비를 제외한 경비를 말한다.

연합 방위력 증강 사업(Combined Defense Improvement Project, CDIP)
한미가 공동으로 사용하는 전투용 시설 및 전투 근무 지원 시설을 한국의 국방 예산으로 건설해주는 사업이다. 닉슨의 괌 독트린에 따라 주한미군의 경비 절감 차원에서 1974년부터 시작됐다. 방위비분담금의 한 항목이었으나, 점차 미군 단독으로 사용하는 군사 시설에 자금이 투입되면서 군사 건설비와 차별성이 없어져 2009년부터 군사 건설비로 통합됐다.

연합 토지 관리 계획(Land Partnership Plan, LPP) 협정
미 2사단을 이전하거나 통합하는 계획. 2002년에 합의했고 2004년에 개정했다. 이에 따라 주한미군 재배치가 완료되면 미군 공여지 면적은 7320만 평에서 2515만 평으로, 미군 기지는 41개에서 17개로 축소된다. 한국이 이전을 요구한 기지 9곳은 대체 시설 건설 비용을 한국이 부담하고, 미국이 이전을 요구한 기지 22곳은 대체 시설 건설 비용은 미국이 부담하기로 했다. 협정에서는 주한미군이 기지 반환 전 오염에 대해 치유하기로 약속했지만 이후 치유 없이 반환하여 한국이 오염 치유 비용을 부담하게 되었다. 또한, 비용을 미국이 부담하기로 한 22곳의 이전에 방위비분담금을 사용했다.

예산 기관 및 비예산 기관
주한미군의 기관에는 국방 예산으로 운영되는 조직이 있고 자체 수입에 의해 운영되는 조직이 있다. 전자는 예산 기관으로 불리며 미8군 사령부 본부나 미 2사단 본부 등이 이에 속한다. 후자는 비예산 기관으로 불리며 PX 매점, 음식점, 호텔, 피자점 등이다. 예산 기관에 고용된 한국인 노동자는 방위비분담금의 지원 대상이지만 비예산 기관에 고용된 한국인 노동자는 방위비분담금 지원 대상이 아니다.

용산 미군 기지 이전 협정(Yongsan Relocation Program, YRP)
용산 미군 기지를 평택 미군 기지로 옮기는 사업의 내용과 한미 간 비용 책임 등을 규정한 협정이다. 한국이 기지 이전을 요구했다는 명분으로 미국이 이전 비용(약 18조 원)의 거의 전부를 한국에 떠넘겼다. 용산 미군 기지 이전 포괄 협정은 국회비준을 거쳤다. 그렇지만 포괄 협정의 하위 문서라고 볼 수 있는 '이행 합의서'와 '기술 양해 각서'는 권리와 의무를 창출하는 내용으로 되어 있기 때문에 국회 비준 동의 사항임에도 불구하고 국회 비준을 거치지 않아 불법이라는 비판을 받고 있다.

인건비
방위비분담금 구성 항목의 중 하나로 주한미군의 예산 기관에 고용된 한국인 노동자의 고용 비용을 75% 한도에서 지원한다.

전시 지원(Wartime Host Nation Support, WHNS)
유사시 한반도에 증원되는 미군에 대한 한국의 지원을 말한다. 한미 사이에는 전시 지원 일괄 협정이 체결돼 있다.

점령비
제2차 세계대전 패전국인 일본이나 독일이 점령군이자 승전국인 연합국 군대의 주둔 비용을 부담한 것을 가리킨다.

주둔국 지원(Host Nation Support, HNS)
평시에 한국 정부가 미군에 대해 지원하는 경비 전체를 뜻한다.

전쟁 예비 탄약(War Reserve Stocks for Allies-Korea, WRSA-K)
미국은 유사시 동맹국들이 탄약을 사용할 수 있도록 하기 위해 미군 소유 탄약을 동맹국들의 탄약고에 미리 저장하는데, 한반도 유사시 한국군의 사용을 위해 저장된 예비 탄약을 WRSA-K라 한다. WRSA는 베트남 전쟁 이후 엄청나게 남아도는 미군 탄약을 처분하기 위해 고안됐다.

전쟁 예비 물자(War Reserve Material, WRM)
한반도 유사시 증원 미 공군이 사용할 수 있도록 COB로 지정된 한국군 공군 기지에 저장된 물자를 가리킨다. 여기에는 폭탄 탑재 장비, 식사 도구, 청소 도구 등이 포함되어 있다.

직접 지원과 간접 지원

직접 지원은 국방 예산에서 주한미군 경비를 위해 지출되는 비용을 말한다. 간접 지원은 국방 예산에서 나가지는 않지만 토지 임대료 면제나 지방세 등 세금 면제, 도로 사용료나 전기 사용료 등 요금의 면제 또는 감면 등을 통해 주한미군에게 주는 혜택을 말한다.

커뮤니티 뱅크(Community Bank, CB)

해외에 있는 미군 및 미 군무원, 미군 가족을 상대로 은행 업무를 하는 기관을 말하며 미 국방부에 소속되어 있다. 미 군사 은행이라고도 한다. 미 국방부는 이를 상업은행 뱅크오브아메리카(Bank of America, BoA)에 위탁하여 운영한다.

한미 공동 운영 기지(Collocated Operating Base, COB)

한반도 유사시 미 공군 증원군을 수용하기 위해 지정된 한국 공군 비행장으로 청주, 김해, 광주, 수원, 대구 비행장 5곳이다.

한미 단일 탄약 체계(Single Ammunition Logistics System-Korea, SALS-K)

한국 육군이 주한 미 육군의 소유 탄약과 미국 소유의 전쟁 예비 탄약, 한국 육군의 탄약을 일괄해서 저장 관리하는 것이다. 1974년부터 시작됐다.

한미 상호 방위 조약

한국과 미국의 집단 방위를 창설한 조약으로 한반도에서 전쟁을 억제하기 위한 미군의 주둔을 보장하고 있다.

한미 주둔군 지위 협정(Status of Forces Agreement, 한미 소파)

한국과 주한미군이 준수해야 할 권리와 의무를 정해 둔 정부 간 협정으로 여기에는 시설과 부지의 공여와 반환, 주둔 경비 부담 원칙, 주한미군 범죄에 대한 재판 관할권, 초청 계약자, 미군 고용 한국인 노동자의 권리 등이 규정되어 있다.

현지 외환 비용

주한미군이 한국에서 한국인 노동자를 고용하거나 업체에게 정비 등 각종 용역을 의뢰하거나 식품이나 보급품 등 물자를 구입하거나 주택 임대료 등에 쓰는 비용을 말한다. 미군이나 미 군무원 또 그 가족이 관광이나 개인적 소비를 위해서 쓰는 개인적인 비용은 포함하지 않는다.

참고문헌

단행본, 논문, 정부 자료

고려대학교 사회경제연구소. 1965.『국민소득과의 관련에서 본 국방비』. 고려대학교 사회경제연구소.

고영대. 2017.『사드배치 거짓과 진실: 사드 제대로 알기』. 나무와숲.

국회 예산 정책처. 2004.「2003년도 세입·세출 결산분석」.

_____. 2012.「국가재정법 해설: 이해와 실제」.

국회 통일외교통상위원회. 2007.「2007년 3월 2일 통외통위 회의록」.

권헌철. 2011.「주한미군의 가치 추정」. ≪국방연구≫, 제54권 제2호.

대한민국 국방부. 1991.『국방군수용어편람』.

_____. 1994.『주한미군을 위한 한국 정부의 방위비분담』.

_____. 2005.「국방부 소관 결산 관련 요구 자료」.

_____. 2006.「전시작전통제권 환수 문제의 이해」.

_____. 2012.「국정 감사 요구 자료」.

_____.『국방백서』. 각 연도(1989~2016).

_____.「국방 예산 사업설명서」. 각 연도(2005~2017).

대한민국 육군본부. 1988.『한미 행정협정 해설서』.

동두천시 홈페이지. http://www.ddc.go.kr/ddc/

리영희. 1999.『반세기의 신화: 휴전선 남·북에는 천사도 악마도 없다』. 삼인.

박거일. 1994.「전쟁예비탄약 문제와 미군 신소요 개념의 고찰」. ≪군사발전≫, 제73호.

안병용. 2002.「토지 이용 규제·국공유지가 북부 지역 경제에 미친 영향과 대책」.

이시영·한태준. 2000.「주한미군의 경제적 가치측정 및 평가」. ≪국방저널≫, 제323호.

외교부. 2006.『알기 쉬운 조약 업무』.

주한미군 J5 전략 커뮤니케이션처. 2016.『전략 다이제스트 2016』. 주한미군 사령부.

한국 국방연구원. 1998.「주한미군 지원정책 연구」.

_____. 2005.「한미동맹의 경제적 역할 평가 및 정책 방향」.

함택영. 1998.『국가안보의 정치경제학: 남북한의 경제력, 국가역량, 군사력』. 법문사.

American Action Forum. 2016. "Burden-Sharing With Allies: Examining The Budgetary Realities."

Gemeral Accounting Office. 2004. "Defense Infrastructure."

International Institute for Strategic Studies. 2016. *Military Balance 2016.* New York: Routledge.

Maizels, Alfred and Machiko K. Nissanke. 1986. "The Determinants of Military Expenditures in Developing Countries." *World Development*, Vol.14. No 9.

National Research Council, Division on Engineering and Physical Sciences & Committee on an Assessment of Concepts and Systems for U.S. Boost-Phase Missile Defense in Comparison to Other Alternatives. 2012. *Making Sense of Ballistic Missile Defense.* Washington D.C: National Academies Press.

Stars and Stripes Homepage. https://www.stripes.com/

Stockholm International Peace Research Institute. 2016. *SIPRI Yearbook 2016: Armaments, Disarmament and International Security.* Oxford: Oxford University Press.

Unitied States Army Homepage. https://www.army.mil/

United States Department of Defense. 2004. "Statistical Compendium on Allied Contributions to the Common Defense."

_____. 2013. "Operation and Maintenance Overview."

_____. 2015. "Base structure Report(FY2015 Baseline)."

日本大辞典刊行会編. 2003. 『日本国語大辞典』. 小学館.

沖縄振興開発金融公庫. 2015. 「沖縄経済ハンドブック」.

防衛省. 2016. 『防衛白書』.

언론 보도

강태호·손원제. 2007.2.2. "미군에 주는 방위비분담금 일단 줬으니 한국권리 없다?". ≪한겨레≫.

고제규. 2011.7.14. "'걸프전 증후군'의 주범, 열화우라늄탄". ≪시사IN≫.

김규원. 2013.11.19. "(단독) 주한미군, 방위비분담금 잔액 이자만 5년간 1600억대 추정". ≪한겨레≫.

김봉석. 2016.4.4. "박종호 외기노련 위원장, '정부, 주한미군 한국인 노동자 역차별 바로 잡겠다는 의지 보여야". ≪매일노동뉴스≫.

김예진. 2014.3.16. "(단독) 韓·美방위비분담금 문건 폭로에…9차협정 비준 불투명". ≪세계일보≫.

김준옥·유연석. 2013.6.17. "'지하수 오염은 말기적 증상' … 후세에 재앙". ≪노컷뉴스≫.

박기학. 2016.9.9. "주한미군 내 한국인 직원, 우린 노예와 다를 바 없어". ≪오마이뉴스≫.

박병수·김지은. 2017.2.28. "곧바로 병력 보내고 철조망 치고… 서두르는 국방부". ≪한겨레≫.

배명복. 2013.7.9. "(배명복 칼럼) 너무 따지면 다친다고?". ≪중앙일보≫.

배혜정. 2016.5.16. "최웅식 주한미군한국인노조 위원장, '대한민국 정부는 자국민을 미국 노예로 팔았다". ≪매일노동뉴스≫.

석현철. 2016.8.24. "사드배치 제3 후보지로 롯데CC 1번홀 '바로 위쪽' 유력 검토". ≪영남일보≫.

윤지나. 2013.7.23. "방위비분담률 '42%'는 협상용 숫자?…美의 '오락가락' 계산법". ≪노컷뉴스≫.

이용인. 2017.5.13 "한국 '미들파워' 국가로 자신감 가져라: 오공단 미 국방연구원 책임연구원 인터뷰". ≪한겨레≫.

조해수. 2016.5.18. "(단독) 말 바꾸기 나선 주한미군은행…'영리은행' 시인했으니 수백억 이자수익 세금 내야". ≪시사저널≫.

홍장기. 2010.10.5. "('평택기지이전 한미 비용분담합의서' 최초 공개) 한국, 학교·병원·복지시설 떠안아". ≪내일신문≫.

황일도. 2010.3. "국정원이 청와대에 보고한 남북한 군사력 비교". ≪신동아≫.

Tokyo Web Homepage. http://www.tokyo-np.co.jp/

Wikileaks Homepage. https://wikileaks.org/

찾아보기

지은이

박기학

서울대학교 경제학과를 졸업했고, 한국노동조합총연맹 조사부 차장을
역임했다. 현재 평화·통일연구소의 소장으로 재직 중이다. 주요 저서로
『전환기 한미관계의 새판짜기』(2005, 공저), 『전환기 한미관계의 새판
짜기 2』(2007, 공저), 『전쟁과 분단을 끝내는 한반도 평화협정』(2010,
공저), 『G2 시대 한반도 평화의 길』(2012, 공저) 등이 있다.

한울아카데미 2007

트럼프 시대, 방위비분담금 바로 알기
한미동맹의 현주소
ⓒ 박기학, 2017

지은이 박기학
펴낸이 김종수
펴낸곳 한울엠플러스(주)
편집책임 김경희
편집 김태현

초판 1쇄 인쇄 2017년 6월 20일
초판 1쇄 발행 2017년 6월 30일

주소 10881 경기도 파주시 광인사길 153 한울시소빌딩 3층
전화 031-955-0655
팩스 031-955-0656
홈페이지 www.hanulbooks.kr
등록번호 제406-2015-000143호

Printed in Korea.
ISBN 978-89-460-7007-3 93390

※ 책값은 겉표지에 표시되어 있습니다.